农业院校实验室管理的
实践探索

张国柱　宋婷婷　主　编
李钧涛　周超进　副主编

中国农业出版社
北　京

图书在版编目（CIP）数据

农业院校实验室管理的实践探索 / 张国柱，宋婷婷
主编；李钧涛，周超进副主编 . —北京：中国农业出
版社，2023.11
　　ISBN 978-7-109-31467-2

　　Ⅰ.①农… 　Ⅱ.①张… ②宋… ③李… ④周… 　Ⅲ.
①农业院校－实验室管理 　Ⅳ.①S-33

中国国家版本馆 CIP 数据核字（2023）第 217986 号

农业院校实验室管理的实践探索
NONGYE YUANXIAO SHIYANSHI GUANLI DE SHIJIAN TANSUO

中国农业出版社出版
地址：北京市朝阳区麦子店街 18 号楼
邮编：100125
责任编辑：丁瑞华　黄　宇
版式设计：杨　婧　　责任校对：周丽芳
印刷：北京印刷集团有限责任公司
版次：2023 年 11 月第 1 版
印次：2023 年 11 月北京第 1 次印刷
发行：新华书店北京发行所
开本：700mm×1000mm　1/16
印张：9
字数：171 千字
定价：65.00 元

编 委 会 名 单

　　本著作由以下研究项目提供支持：2021—2022 年北京农学院教育教学改革研究项目"北京农学院教学实验室安全教育的实践与探索"（BUA2021JG61）；2023—2024 年全国高校实验室工作研究会农业高校分会"农业院校实验室安全教育实践探索"（NYFH2022-19）；2023 年北京农学院学位与研究生教育改革与发展项目（2023YJS005）；北京市高等教育学会技术物资研究分会"实验室仪器设备成本核算关键问题研究"（JSWZ202215）；中国教育会计学会"高校固定资产的核算与管理研究"（JYKJ2022-060MS）；中国地质大学（北京）"学科建设经费信息化管理探究"（2022XK215）。

前 言
·FOREWORD·

北京农学院坚持以习近平新时代中国特色社会主义思想为指导，全面服务首都区域经济社会发展、乡村振兴和京津冀协同发展，努力建设成为立足首都、服务"三农"、面向京津冀、辐射全国的都市特色高水平应用型现代农林大学。学校拥有 2 个国家级和 4 个北京市级实验教学示范中心，152 个专业实验室、30 个基础实验室、25 个专业和基础共用实验室，面积共计 79 860.13 米^2，实现了所有专业的实验教学全覆盖。

高校实验室是高等教育不可或缺的部分，也是高校理论教学与社会实践紧密结合的桥梁。北京农学院国有资产管理处自 2017 年起负责学校实验室管理相关工作，贯彻落实国家有关实验室管理工作的方针、政策，归口管理实验室安全工作，负责仪器设备的采购、使用以及实验用房管理与有偿使用。作为主管实验室和大型仪器设备的资产部门，国有资产管理处深刻学习贯彻党的二十大精神，踔厉奋发、笃行不怠，聚焦农业院校实验室管理新定位，不断加强资源、房屋、设备、资金统筹运作能力，汇集更大的资产力量，为推动学校教学科研工作和高质量发展提供坚强的资源支撑。

本书全面回顾和总结了近五年以来北京农学院实验室管理方面的研究成果和经验，就实验室安全管理、资产管理创新、信息技术研究与应用、危险化学品管理、实验技术与方法以及管理队伍建设研究等方面进行深入探索。结合农业院校当前相关重点、热点问题以及实验室管理中亟待解决的突出问题，提出改革思路、创新办法，将相关管理经验、管理方法以及我校管理人员对于相关工作的所思、所想、所感编订成册，以期对今后农业类高等院校的实验室管理工作有所借鉴和参考。

编　者

2023 年 7 月

目 录
· CONTENTS ·

前言

第一部分

实验室安全管理

高等农业院校实验室安全问题与教育管理

高婷婷

（北京农学院生物与资源环境学院，北京，102206）

摘要：实验室是高等农业院校人才培养体系的主要组成部分，是师生开展教学和科学研究的重要场所，也是农业人才的培养基地。结合北京农学院实验室设置情况，针对高校实验室安全管理问题现状，从安全教育、管理制度和队伍建设三方面进行探讨，提出高等农业院校实验室安全教育与教育管理的工作思路。

关键词：高等农业院校；实验室；安全管理

2021 年 3 月 11 日全国人大通过的《中华人民共和国国民经济和社会发展第十四个五年规划和 2035 年远景目标纲要》中提到，建设高质量高等教育体系，就要推进高质量本科教育建设，推进基础学科高层次人才培养模式改革，加快培养理工农医类专业紧缺人才，同时提升研究生教育质量。一方面，高校实验室是科学研究和基础学科教学的重要阵地，在本科生和研究生培养中占有举足轻重的地位；另一方面，实验室安全问题关系师生人身安全乃至高校的安全与稳定，做好实验室安全教育及管理意义重大。根据《农业农村部 2020 年人才工作要点》文件精神，加强农业科技人才队伍建设，加快农业农村各类专业人才培养刻不容缓。

高等农业院校是培养农业人才的摇篮，是为国家培养和输送农业人才的重要基地，而实验室是学生实践能力和创新能力培养的基地，因此，加强实验室的系统化、精细化管理变得尤为重要[1-3]。

1 引言

北京农学院作为现代农林教育的高等学府，专业涵盖农学类、工学类、管理学类等类别。为服务首都城市战略定位和满足都市型现代农林业发展，北京农学院共建设 2 个国家级（植物类、动物类）和 4 个北京市级实验教学示范中心（植物类、动物类、食品加工类、管理类），同时创立拥有 2 个北京市级校内实践基地（植物类、食品加工类），另有 8 个校级实验教学中心，实现了所有专业实验教学的全覆盖。

随着北京农学院逐步加大推进向都市特色高水平应用型大学发展，实验教学中心师资和设备投入呈上升趋势，各类实验室建设规模稳步增加。北京农学院的本科生培养方案中规定，本科生实践教学环节主要包括独立设置的课程实习（设计）、专业实习（生产实习）、毕业实习、毕业论文（毕业设计）、科研训练（大学生科学研究）等。因此，生物与资源环境学院的实验教学中心承担了大量的本科生实验教学课程和实践教学任务。此外，实验教学中心还作为科研创新平台对师生开放，使得实验室和实验室仪器的使用频次、实验室使用人次、实验药品的使用种类和使用量都大大增加，这就对实验室的安全管理提出了比以往更大的挑战[4]。如何保障实验室运行安全、加强实验室安全教育、规范实验室管理体制机制，同时建好实验室，实现人才培养、科学研究、社会服务作用，充分发挥投资效益，一直是北京农学院教育管理部门和实验室管理部门工作者思考的课题。

实验室安全事故可分为物理安全事故、化学安全事故和生物医学安全事故三大类。物理安全事故主要包括火灾、爆炸、水电泄漏、台风等危害。化学安全事故主要包括氧化剂、有机过氧化物、有毒品和腐蚀品等各类化学试剂造成的危害。生物医学安全事故主要指病原体、病原微生物、实验样品、培养物、动物尸体、放射性物质、紫外线辐射和废弃物等危害[5]。

农业院校实验室一般主要包括以下两大类：化学类实验室从事的实验研究涉及化学试剂及化学反应，危险源常包含两大部分，一类是易燃、易爆、有毒化学药品可能带来的化学性危险源，另一类是设备设施缺陷和防护缺陷所带来的物理性危险源。生物类实验室包括从事基因工程、微生物学等专业中较多涉及病毒等微生物研究和动物研究的实验室，这类实验室中细菌、病毒、真菌、寄生虫、基因、动物寄生微生物等为主要的危险源，这些危险源的释放、扩散可能引起实验室内和外部环境空气、水、物体表面的污染或人体感染，即可对实验室人员、内外部环境造成危害。结合安全事故分类和实验室现状，农林院校实验室常见的安全隐患有以下几种。

2　实验室安全事故成因

2.1　消防安全事故

研究统计，高等院线实验室发生的事故中，火灾、爆炸等消防安全事故在事故类型中位居首位，数量占事故总量的 86.9% 以上。其中，爆炸危化品事故数量超过 73%[6]。

导致消防安全事故的原因繁多，主要有以下几种：实验人员操作不当，使用酒精灯不规范，火源接触易燃物；设备老化，长时间通电未关闭电源，造成电路故障或温度过高引发火灾；易燃易爆化学试剂存放不当，无专人负责保管，大量存放引发爆炸；当消防器材类型与实验场所火灾种类不吻合时，灭火剂使用不当发生燃烧而伤人；未考虑实验人员体能，在实验室配置大规格灭火器时，将影响事故初期灭火器扑救的速度；灭火点设置在超出使用温度范围的实验室高温区域，引起灭火器内压力剧增爆炸伤人；部分师生误认为使用广泛的干粉灭火器是万能灭火器，然而干粉灭火器只能控火，停止喷粉后，极容易再次燃烧；火灾逃生时往往向明亮区域逃生，误入火场，或强行跳楼跳窗逃生，造成二次伤害。

2.2 生物安全事故

生物实验室样品分为人体组织、植物、动物、微生物等不同种类，通常包括一些高致病性、高传染的病原体，如防护不当，将对实验人员身体健康造成威胁。

生物安全事故与实验室安全意识薄弱、设施设备非正常运转、生物细菌素污染和生物废弃物污染有关。实验前后灭菌工作不到位，实验物品消毒不完整，非实验室人员未经过消毒风淋间进出实验室，造成无菌操作漏洞。实验过程中产生的高浓度含有害微生物的培养基、血液废弃物、微生物废弃物、尖锐器具废弃物、动物尸体、病理学废弃物及其他具有感染性的实验废弃物处理不规范，未经特殊灭菌方式及分类倒入普通垃圾回收装置，造成环境污染。无菌实验室设计不完善，实验过程个人安全保护有漏洞，造成生物污染物传播。实验动物管理不规范，无专门饲养房间，导致细菌感染。上述原因都可能引起实验室生物安全事故。

2.3 化学安全事故

2015 年年底，天津滨海新区"8·12"特大爆炸事故发生后，国务院相继发布了《关于深入开展危险化学品和易燃易爆物品安全专项整治的紧急通知》《危险化学品安全综合治理方案》等文件，教育部紧急启动高校实验室年度例行安全检查。经过 5 年的持续努力，高校在责任体系、组织机构、人员配备和技防措施等方面有了长足进步[7]。但是，高校与危险化学品相关的实验室安全事故仍时有发生。

农业院校实验室因教学科研需要，危险化学品使用频繁。由于涉及危险化学品的实验室众多，且采购量、存量较大，化学安全事故的隐患不容忽视，以下问题需进一步关注。一是危险化学品未分类存放，管制类化学试剂和普通化学试剂一起存放；易挥发化学品存放在无排风功能的试剂柜中。二是将食物带入实验室，误食接触有毒化学品的食物后中毒。三是仪器设备超过使用日期，废液、废气、废渣排出管道损坏，有毒化学品泄露后中毒，同时污染环境。四是进行有毒有害操作时不佩戴相应的防护用具，容易产生气溶胶的实验未在生物安全柜中进行。五是试剂标签管理不规范，目录清单不规范，未放置重要危险化学品的安全技术说明书，使用记录登记不规范。

3　实验室安全教育与管理

高校农业专业人才必须具备安全意识和安全习惯，只有安全意识牢牢树立，整个安全管理工作才得以顺利推进。近年来，北京农学院在节假日期间和学期日常都按照《病原微生物实验室生物安全管理条例》《农业转基因生物安全管理条例》《实验动物管理条例》等文件要求，开展自查工作，及时发现安全隐患并认真整改。除安全教育培训之外，实验室管理制度和队伍建设也同样重要。

3.1　实验室安全教育及培训

实验室安全文化是预防事故发生的重要依据，农业院校实验室安全精神文化是安全校园文化建设的重要指标。实验室教师应当将实验室安全课程作为岗前培训的重要内容，学生也应当将此课程作为必修课程。除课程外，可以通过微信、微博、抖音平台和校园网客户端等即时通信软件，让师生了解国内外实验室安全事故及成因，不忘前车之鉴，提高安全警惕性。在实校内宣传栏悬挂实验室安全警示标识、举办安全知识竞赛，利用师生喜闻乐见的方式宣传实验室安全文化，营造实验室安全氛围。

根据条件，安排进入实验室的师生首先接受水、电、气、火等实验室安全常识、个人防护知识、实验室危机事件处理和专业知识教育，然后组织学生进行实验室安全知识考试，考试通过才可以进入实验室。每项实验前，要求学生预习过程中要注意的安全问题，规避风险。同时。不定期邀请安全领域专家、消防人员到校开展安全知识讲座。

3.2　实验室安全管理制度

无规矩不成方圆，做好实验室安全管理，就要确立行之有效的安全规章制度。针对北京农学院情况，发布有特色的安全制度。应该长期坚持自查例会制度。将现有实验室按照风险层次分类，确立危险源分布图。通过安装监控系统，及时发现隐患。建立门禁准入系统，未授权的一卡通不具备进入实验室的权限，保障专人使用实验室。

完善监督检查。加强危险化学品监管，在储存和使用阶段及时完善台账，明确放置位置，有效监控使用情况。华东理工大学和上海交通大学邀请有资质的第三方公司对实验室进行安全检查，并统计归纳安全隐患数据，为实验室安全措施的制定提供建议[8]。对实验室菌种等的运输、保存、操作、管理和人员培训等工作进行认真检查、落实，严防上述危险物品泄漏、被盗、被抢、丢失，切实保障安全。从事农业转基因生物贮存的单位和个人，应当采取与农业转基因生物安全等级相适应的安全控制措施，确保农业转基因生物贮存的安全。

3.3　实验室队伍建设

专业的实验室人员可以保障实验室安全有效的运行。首先要健全实验室安全管理组织体系。此项工作专业性强、涉及面广，要健全统一管理的实验室队伍。依照"学校—学院—专业（系）—实验室"的体系进行分级管理。具体来说，学校要成立"校级实验室安全管理领导小组"，由分管实验室工作的校领导任组长，相关职能部门和学院负责人任小组成员，负责组织全校实验室的安全检查、评估、培训等工作；各学院成立"院级实验室安全管理工作小组"，由院长任组长，实验室负责人、实验员任小组成员，负责学院各实验室的日常安全管理[9]。

清华大学为加强专项检查力度，持续推行实验室安全督导制度，组建的退休教师督导组梳理和完善安全台账、形成详尽的工作简报和督导报告，使安全检查工作做到了常态化和全覆盖；学校继续扩充专家队伍，对风险较大院系每学年进行安全排查[8]。

同时，高等院校实验室的专业管理人员缺乏是队伍建设的主要问题，这就要求学校开展相关培训，从现有管理人员中培养专业的实验室管理人员。明确实验室具体安全责任人，负责处置、协调、上报相关安全事件及风险隐患。初步探索实验室学生助理制度，协助负责人进行实验室管理，清查实验品，及时发现安全隐患。

4　结语

根据《国家中长期教育改革和发展规划纲要（2021—2035年）》要求，大力培养创新型人才，应用型人才。随着我国"三农"改革步伐的加快，懂技术、高素质、实践能力和创新意识强的农业人才缺乏问题凸显。农业院校实验室安全问题及教育管理还会面临更多新挑战，要在实践中研究，发掘适合农学院校的教育管理制度，推动农业人才培养，促进技术开发，全方位服务乡村振兴的探索与实践。农业专业人才培养是推进农业农村现代化和乡村振兴提供有力人才支撑。

参考文献：

[1] 周娟，陈雯，孙成明，高辉．高校实验室管理中的问题与对策［J］．中国高校科技，2017（12）：23-24.

[2] 周银明，吴达胜．高校实验室管理现状与对策［J］．计算机时代，2018（3）：89-91，96.

[3] 常艳，赵海泉，蔡永萍．农业高等院校实验室管理存在的问题与对策［J］．实验室研究与探索，2012，31（4）：398-400.

[4] 张馨如，黄漫青，姜怀玺，等．加强农业院校实验室安全管理　提升实验教学中心功能［J］．中国现代教育装备，2016（5）：20-23.

[5] 孙艺．高校实验室安全管理体系及工作机制研究［J］．管理观察，2017（22）：116-117.

[6] 付净，刘虹，刘文博．高校实验室火灾爆炸事故原因分析及管理对策［J］．吉林化工学院学报，2018，35（5）：87-92.

[7] 虞俊超，王满意，张锐，等．基于二维码的高校实验室危险化学品安全管理［J］．实验室研究与探索，2021，40（2）：307-310.

[8] 杜奕，冯建跃，张新祥．高校实验室安全三年督查总结（Ⅱ）：从安全督查看高校实验室安全管理现状［J］．实验技术与管理，2018，35（7）：5-11.

[9] 仇念文，安绪常，贾继文，等．新时期高校实验室安全管理面临的挑战及对策［J］．实验技术与管理，2012，29（1）：181-185.

对高校实验室消防安全管理的探索

王　阳　李俊升

（北京农学院安全稳定工作处，北京，102206）

摘要： 高校承担着为国家培养人才的神圣任务，而高校的实验室是教学科研和学生成长成才的重要阵地，实验室的安全关系学生的健康发展，特别是消防安全更为重要，一旦发生火灾，严重威胁着师生的生命安全。为此，更应该加强对高校实验室消防安全管理工作的探索，通过抓消防安全管理，进一步筑牢安全根基，为师生的生命健康安全保驾护航。本文基于加强高校实验室消防安全管理的必要性，分析了当前高校实验室消防安全管理存在的主要问题，从加强实验室消防安全组织领导、加强实验室消防安全管理宣传教育、加强实验室消防安全管理制度建设三个方面提出了相应探索，以期能为高校更好地完成实验室消防安全管理工作提供参考。

关键词： 高校实验室；消防；安全管理；探索

随着高等教育事业的不断发展，科技投入越来越大，学科种类和学科领域不断扩增，实验室的数量和规模也在不断攀升。高校实验室作为培养人才的重要场所之一，其消防安全管理起着至关重要的作用。但从近几年的情况来看，高校实验室消防安全管理出现了诸多问题，如化学用品操作不当引发火灾，更为严重地发生了实验室爆炸事故，威胁着师生的生命安全。一旦发生了火灾，实验室人员较为密集，实验化学品较多，无疑不利于学生的健康发展，更不利于高校的安全稳定。为此，我们应该不断加强对高校实验室消防安全管理的思想重视程度，为大学生的健康成长、生命安全保驾护航。

1　加强高校实验室消防安全管理的必要性

从上级的指示要求来看。从印发《教育部办公厅关于立即开展实验室安全检查的紧急通知》（教发厅函〔2018〕216 号）到《教育部关于加强高校实验室安全工作的意见》（教技函〔2019〕36 号），集中反映了高校实验室安全管理工作的重要性。无论从高校的长期发展建设、安全稳定来看，还是从实验室安全运行、保障教学科研来看，或是从师生们财产安全、生命安全来看，消防安全都是实验室安全管理的一项非常重要的工作，是一项不是核心胜似核心的基础工作，只有在安全的前提下，师生们才能顺利开展各项教学、科研工作，高校才能安全、平稳、有序地运行。由此可见，从严、从细、从实做好实验室的消防安全管理工作意义重大，也是很有必要的。

2　高校实验室消防安全管理存在的主要问题

当前，高校实验室呈现出使用次数多、时间长、频率高、人员密集、流动大等特点，为此，实验室的消防安全显得更为重要。但从实际情况来看，实验室在消防安全管理上还存有一定的问题和不足。首先消防安全思想观念还不够强。高校实验室的安全管理问题在很多高校中未受到足够重视，很多高校更注重学校的科学研究和教学工作，忽视实验室的安全管理工作。在"重科研、轻安全"的思想主导下，导致师生们对消防安全重视程度不高，缺乏必要的消防安全常识，参加消防安全培训的次数少，参与热情不高，甚至不参加，对身边一些常见的消防安全隐患，感觉可有可无，甚至视而不见，久而久之，必然酿成祸端。其次消防安全制度落实还不够到位。每一道安全制度都是一道安全防线，制度的存在就是为了守住安全底线。然而，往往是制度有，但实际落实上依然有不足，主要表现在实验室内私拉乱接电线，违规使用大功率电器，物品堆放较多，甚至堵塞消防通道，灭火器配备不足或者更新不够及时，危化品存储不规范，等等。最后消防安全责任落实还不够严。高校虽然都建立起来了消防安全管理责任体系，明确了任务分工，细化了责任落实，但往往出现"上热、中温、下冷"的现象，责任推动落实到末端效果不够理想，实验室消防安全看似都有人在管，但在打通消防安全管理的"最后一公里"上还需进一步压紧压实安全责任。

3　加强高校实验室消防安全管理工作的探索

3.1　切实加强组织领导，进一步夯实消防安全责任

实验室消防安全管理是一项复杂性、长期性、艰巨性的工作，只有在坚强的组织领导体系保障下，在细而又细、严而又严、实而又实的工作责任心之下，才能将实验室消防安全工作做好。建立学校-学院-师生三级消防安全管理组织领导体系，首先校党委统一领导实验室消防安全管理工作，定期召开会议，研判分析形势，及时整改问题，研究部署下一步工作；其次学院要发挥主

观能动性，发挥主人翁作用，结合自身实验室消防安全管理特点，在落实好上级要求、规章制度的基础上，定期开展自我排查，及时消除消防安全隐患，将隐患消除在萌芽状态，确保自身安全；最后广大师生要积极参与实验室消防安全管理工作，形成人人都有消防安全意识、人人都有消防安全知识、人人都有消防安全能力、人人都有消防安全责任的工作格局。

3.2 切实加强安全宣教，进一步提高消防安全意识

思想是人的先导，有了一定的消防安全意识，无论是在工作中还是学习中才能遵守相应的安全规章制度，从而避免发生安全问题。

结合新生入学、"119"消防安全月、安全生产月等关键时间，及时开展消防安全培训，主要是通过校园网、微信群、LED大屏推送实验室消防安全知识，举办实验室消防安全常识竞赛，组织灭火器、消火栓等消防设备、设施使用培训，通过培训不断筑牢师生们的消防安全意识，进一步提高消防安全技能本领。

3.3 切实加强制度建设，进一步筑牢消防安全屏障

落实好分析研判制度。定期组织召开实验室消防安全分析研判会，及时总结，集思广益，促进下一步工作更好的落实。落实好安全检查制度。检查不是目的，及时发现问题、解决问题才是检查的真正意义所在。通过检查及时消除安全隐患，确保实验室安全运转。落实好考评奖惩制度。将实验室的消防安全管理工作纳入考评体系中，作为一项重要指标，实验室安全管理好的及时表扬，安全管理差的及时批评，以评促管，共同监督，共同进步。

4 结语

综上所述，高校实验室消防安全管理工作是学校安全发展的重要保证，对师生的生命健康安全起着至关重要的作用。对此，高校应该不断加强实验室消防安全管理工作的探索，加强组织领导，加强安全宣教，加强制度建设，从而助力于学生、高校的安全发展。

参考文献：

[1] 马占民. 高校实验室安全管理机制研究 [J]. 黑龙江科学，2021，12（13）：152-153.

[2] 梁小瑞，任国凤. 浅论网格化管理在地方高校实验室消防安全管理中的应用 [J]. 互联网周刊，2022.

[3] 李斐斐. 高校实验室化学试剂准备与管理策略探析 [J]. 锋绘，2020.

[4] 李智源. 小学生消防安全"一二三四歌"[J]. 平安校园，2021.

北京农学院实验室安全教育实践

宋婷婷

（北京农学院国有资产管理处，北京，102206）

摘要：高校肩负着培养国家人才的重任，不但要培养学术型人才，更重要的是要培养出有健康、安全、环保的行为模式和综合素质高的国家建设生力军。本文通过分析北京农学院现有的安全教育关键环节问题的所在及其成因，在政策保障、措施配套、制度完善等方面提出切实可行的建议与措施，为学校实验室管理部门创新管理提供借鉴，增强在校师生对于实验室安全的认识，建立有农林特色的校园实验室安全教育培训，为培养健康、安全、环保和综合素质高的农业人才提供保障。

关键词：高校实验室；安全教育；安全文化

高校实验室是培养创新型人才、进行高水平科学研究和进行本科教育的重要场所，做好实验室安全教育工作是发挥实验室功能的前提保障[1]。但是随着学科的发展和大型仪器设备开放共享等工作的开展，实验室的使用频率不断提高，对实验室安全管理形成了不小的挑战。《教育部关于加强高校实验室安全工作的意见》指出："持之以恒，狠抓安全教育宣传培训"[2]，如何让安全文化与安全教育"入脑入心"并发挥应有作用，是一道亟待解决的重要课题[3]。本文在分析实验室安全教育和各高校实验室安全现状的基础之上，以北京农学院为例，结合农业院校相关专业特点，探讨实验室安全教育的新模式。

1 实验室安全教育工作现状

北京农学院自 2019 年起建设"实验室安全准入培训"平台系统，设置《实验室安全准入教育》《化学化工类实验室安全》《实验室事故急救与应急处理》等课程 9 门，新生进入实验室前，需完成相关培训并参加"实验室安全知识测评"考试，合格后才允许进入实验室。虽然基本的安全教育培训框架已经建立，但是与高校对实验室安全运转的迫切希望、与各级政府不断提高的安全管理要求相比仍然存在一定的差距。

根据北京农学院近几年的相关数据汇总及与其他院校的对比梳理，实验室安全教育工作还存在以下不足。

一是师生重视程度不够，实验室安全教育体系不健全。大部分高校人才培养的重点在于传授专业知识和提升创新实践能力，而对于安全素质没有明确的要求，实验室安全教育未纳入学校常规教育体系，从而导致实验室安全教育不足。

二是实际操作性差，实验室安全教育效果不明显。实验室安全教育手段繁多，但针对本校实际情况的策略少，教育的针对性和专业性不强，甚至有些教育手段不是以提高师生实验室安全技能为主，而是以应付检查、留档备案为目的。

三是缺乏制度规范，实验室安全教育缺乏针对性依据。实验室培训缺乏针对性和操作性强的管理制度与办法，存在不少遗留问题有待解决。同时在制度的执行上面缺乏一定的硬度，导致上有政策下有对策，应付了事。

2　实验室安全教育中存在的问题

目前高校中重教学科研、轻安全环保的思想在一定程度上依然存在，师生抱有侥幸心理，安全意识淡薄，安全知识不足，安全技能欠缺。所以安全教育改革的重中之重是解决以下三个方面主要问题：一是增强在校师生对于实验室安全的认识，通过安全文化建设实现师生从"要我安全"到"我要安全"的转变；二是实验室安全培训方法与手段相对单一，利用现代信息技术进行教育培训的能力不足。三是通过完善相关管理制度，完善安全教育平台，建立健全符合学校实际需要的实验室安全教育体系[4]。

3　农业高校实验室安全教育建设新模式

结合对北京农学院实验室管理、培训及准入情况的调研结果，设计适用于北京农学院的安全教育建设新模式，构建以实验室安全教育管理为核心内容的培训、考试网络系统，供各二级单位根据实际情况选择，为学校的实验室安全管理和安全文化建设提供支撑。

一是从文化层面激发师生"关注安全、珍爱生命"的自发意识，实现师生从"要我安全"到"我要安全"的转变[5]。实验室安全文化是被师生广泛认同的共同文化观念、价值观念、生活观念，是一个学校科研素质、个性、学术精神的集中反映。系统的安全教育、特色活动的开展都是安全文化培养的重要举措。本研究通过开展"实验室安全文化宣传月"、各种安全演练、调查问卷等方式潜移默化地增强实验室师生的安全意识。

二是增加覆盖重点领域的实验室安全基础课。利用网络平台开展有针对性的"实验室安全基础课程",通过重点学科试点、相关学科推广等实施步骤,全面推进高校安全教育进校园、进学生头脑,并在化学、生物、园艺等学科进行推广。

三是建立完善多维度管理模式的实验室安全准入制度。根据管理主体、准入对象的不同,建立校级、院级、实验室三级准入制度。各级管理主体共同组织实施,实现实验室安全准入网格化、精细化教育管理。同时为了使实验室安全教育工作更加的规范化、制度化,真正做到有据可查、有章可循,结合学校及各学院的学科特点,针对实验室安全教育尤其是准入培训、考核制定出针对性和操作性强的实施细则和操作规程,落实长效管理机制,形成规范管理的常态化。

4   改革初步成效

通过制定有针对性的管理制度、开展教育培训、开展信息化建设等具体举措,保障每年进入实验室的相关人员在校内就能满足 16 学时以上的专业安全培训要求;有效增强学校师生安全知识及应急能力,大幅降低实验室安全风险,营造安全、和谐的实验室环境。

全面贯彻落实"以学生为中心、以结果产出为导向、持续改进"的办学理念,从人才培养关键环节入手,通过建设"在线教育、日常宣传、专题活动、实践体验"四位一体的安全教育体系,我校的安全工作有了长足进步[6]。师生安全意识明显提高,将安全理念融入日常工作与学习中,并且在完成自我安全管理的同时,还对各类实验室的安全发展提出建设性的意见。近三年,北京农学院实现实验室安全"零事故"。

5   展望

实验室安全教育是实验室建设的一项重要内容,是保障实验室安全环境、提升实验教学质量、提高学生实验素质、培养创新型人才的有效手段。我们通过定期组织应急预案演练、实验室安全知识竞赛等,增强学生参与热情和成就感,培养学生"事事要求安全、人人需要安全"的安全理念,营造良好的校园安全文化氛围[7]。

安全工作无小事。加强实验室安全文化建设,增强学生实验室安全意识和社会责任感,培养学生良好的实验习惯,为了保证北京农学院实验室的安全运行,确保师生的人身安全和环境健康,实验室的各级管理者还有许多工作要做,相信只要上下统一思想,共同努力,一定可以构建一个和谐、平安的校园环境[8]。

参考文献:

[1] 刘晓彤,王玉垒,崔斌,等. 基于信息化管理的高校开放式实验室管理现状及对策研究 [J]. 无线互联科技,2020,17(7):2.

[2] 教育部. 关于加强高校实验室安全工作的意见 [EB/OL]. [2019-06-04]. http://www.gov.cn/xinwen/2019-06-04/content5397283.htm.

[3] 张淼,王艳素,曹丽丽,等. 高校化学实验室安全文化建设新模式探索 [J]. 实验室科学,2022.12(25):6.

[4] 刘洁. "互联网+"视域中高校思政课改革创新路径 [J]. 现代交际,2020(5):2.

[5] 陈浪城,严文锋,刘贻新. "以人为本"建设高校实验室安全文化 [J]. 实验室研究与探索,2015,34(7):285-288.

[6] 刘海波,沈晶,王革思,等. 工程教育视域下的虚拟仿真实验教学资源平台建设 [J]. 实验技术与管理,2019,36(12):19-22+35. DOI:10.16791/j.cnki.sjg.2019.12.005.

[7] 谭机永,李萌,胡顺莲,等. 浅谈新时期高校实验室安全文化建设 [J]. 卫生职业教育,2018,36(11):10-11.

[8] 刘学芳,张娜. 中医院校实验室安全教育的重要性 [J]. 中国中医药现代远程教育,2013,23(11):100-101.

信息化背景下高校实验室安全管理
探索与实践

周超进

（北京农学院国有资产管理处，北京，102206）

摘要： 随着国家对高等教育的重视和大力投入，高校教学科研水平不断提高。高校实验室安全风险点不断增多，给高校实验室安全管理带来了极大的挑战。如何利用信息化手段，对实验室安全管理进行信息化升级，增强业务能力、提高管理水平、提升监管水平成了一个高校实验室安全管理的重要课题。通过信息化系统的实践应用，提出了信息化管理的建议。

关键词： 信息化；实验室安全；管理；实践

高校实验室是高校培养学生专业素养、实践动手能力和创新精神的重要场所，也是学校教学科研工作顺利开展以及创办高水平大学的重要保障。因高校存在实验人员多、危险源多、风险点多等特点，实验室安全事故经常发生。2015 年 12 月，某高校一名博士后使用氢气做实验发生爆炸当场死亡[1]；2018 年北京某高校实验室发生爆炸；2019 年，南京某高校实验室发生爆炸。数据表明，在高校所发生的安全事故中，因危险化学品引发的燃烧爆炸事故占总事故的 80%[2]。因此，如何有效管理使用危化品，建立完善的危险化学品安全管理保障体系，最大程度上避免安全风险，确保实验室安全稳定地运行，保障师生人身和财产安全，是高校安全管理和建设的一项长期而艰巨的工作。

1 高校实验室安全管理常见问题

随着国家对高等教育的重视和科研水平的不断提高，高校实验室规模不断扩大，仪器设备和实验耗材越来越多，实验室安全隐患也不断增加[3]。目前在管理方面存在以下问题。

1.1 师生的安全管理意识不足

高校实验人员的安全意识和知识储备不足，师生的安全责任意识不够，实验人员特别是新进实验室人员的安全教育培训不足，导致实验人员对实验室内部的安全风险认识不够充分，应急防护措施不会使用。直接表现的结果是部分实验人员不知道哪些是危险化学品，该如何进行安全使用，安全存储；在实验室中未穿戴实验服、不佩戴防护装备；实验人员不懂得实验室中应急防护设施的使用方法等[4]。

1.2 高校实验室准入机制不健全

为保证高校实验人员的人身安全和教学科研活动的有序进行，部分高校制订了实验室安全准入制度，进行了必要的安全培训，但缺乏必要的考核，实验人员对实验室安全风险认识不足，对所用危险化学品的理化性质和应急处置措施缺乏必要的认知。危险实验和危险工艺缺乏必要的事前评估[5]。

1.3 危险化学品安全管理缺乏信息化手段

经过国家各级各部门的联合整顿，高校实验室危险化学品安全管理水平不断提高，但依然存在监管漏洞。在采购方面，存在不具备危险化学品生产经营资质单位采购危险化学品的情况。在储存方面，师生对危险化学品理化性质和配伍禁忌了解不彻底，存在危险化学品随意存放的问题，不清楚危险化学品存在哪，存了多少，更没有达到科学合规存放的效果。在危险化学品使用方面，实验室中为危险化学品建立了出入库台账，但领取不规范，使用记录未及时登记的情况时有发生，造成了危险化学品出入库台账的账实不符。如何通过信息化手段，实现对危险化学品采购、使用、存储、回收处置的全流程闭环管理，实现全流程可追溯，成为亟须解决的问题[6]。

1.4 实验室气体安全管理不到位

经过多年的气体安全专项行动，高校实验气体安全管理水平大大提高。对实验室内存放的气体钢瓶都进行了合理固定，并配置了必要的防倒措施。将易燃易爆、有毒气体的钢瓶移出了实验楼，在室外设置专用气瓶间，并采取了必要的通风、安防、技防措施；使用惰性气体的实验室，应设置氧气浓度报警器。但高校各类报警器通常没有跟实验室内通风系统联动，不能根据实验室气体浓度及时打开风机，及时降低实验室危险气体浓度，以达到安全管理的目的。

1.5 实验室基础数据和分类分级不彻底

高校通常为综合性大学，涉及学科门类众多，实验室种类也较多，通常包括化学类、生物类、机械电子类、其他类四种形式。大部分高校对学校实验室进行了台账化管理，但是由于校内房屋功能的改变，部分实验室性质变化没有进行及时更新。实验室内风险源也没有及时进行变更。

1.6　实验室安全检查未做到闭环管理

随着上级部门对实验室安全的重视，各高校加大了对校内实验室检查的广度和力度。将发现的问题及时进行了拍照和登记，有的高校做到了校内及时对检查结果进行通报。但是通报后，对整改的落实效果没有及时进行跟进，没有达到实验室安全检查的全闭环管理。

2　信息化在高校化学品安全管理系统中的应用

针对目前高校实验室安全管理方面存在的问题，通过建立实验室安全教育和准入系统、化学品全生命周期管理系统、实验室气体安全管理系统、实验室基础数据和检查系统，实现了以信息化方法进行实时监管实验室安全的目的[7]，提高了实验室安全管理的效率[8]。

2.1　实验室安全教育和准入系统

实验室安全教育和准入系统，针对学校学科特点特色，针对生物安全、化学品安全、水电安全、消防安全等设置了不同的培训课程和内容，根据专业特点设置了通识教育培训和专业培训。根据不同学科专业的学生进行不同种类不同程度的安全教育培训，考试合格后方可进入实验室。让需进入实验室的师生掌握实验室必备的安全知识，提高师生的实验室安全防护意识，有效减少实验室安全事故的发生。

2.2　化学品全生命周期管理系统

化学品全生命周期管理系统可以实现危险化学品采购、存储、使用、回收处置的全流程管理。在采购方面，可以实现对供应商的管理，根据供应商的资质获得情况，严格把控供应商销售情况。对没有危险化学品生产和经营资质的，不予采购。在存储方面，管理系统可以提供科学分类存储建议，在化学品列入存货时，会详细填写危险化学品存放位置，方便后续的管理。在使用方面，管理系统可以及时进行出入库登记，并通过设置实验室存量上限的方式，提醒师生及时进行出入库登记。在回收处置方面，管理系统可以通过扫描二维码的方式，直接在线上进行回收处置申请，简化了线下手续，提高处理效率。

2.3 实验室气体安全管理系统

实验室气体安全管理系统，可实现对校内所有气体实验室的安全监测，实时预警，及时告知和及时处置。系统内置 GIS 地图，可以实时查看校内气体探测点位在校内楼宇和实验室分布。实验室内设置的气体探头，可以实时对实验室安全信息进行监测，确保实验室安全运行。实验室内气体探头和实验室风机实现同步联动，当实验室气体浓度达到危险级别时，会及时进行报警，并启动实验室风机，及时消除实验室安全隐患。

2.4 实验室基础数据和安全检查系统

实验室基础数据和安全检查系统，分为基础数据模块和安全检查模块。基础数据模块可建立高校实验室组织体系，建立高校实验室台账，并对实验室基础信息、人员信息、实验室资质、风险点、防护要点等进行实时管理，达到精准管理的目的。安全检查模块可根据实际需要设置日常巡查、达标检查、日常检查、专项检查四种模式，所有安全检查模块可实现检查人员检查、隐患审核、隐患整改的全流程封闭式管理。

3 结语

高校实验室是高校培养学生专业素养、实践动手能力和创新精神的重要场所，也是学校教学科研工作顺利开展以及创办高水平大学的重要保障。因高校存在实验人员多，危险源多，风险点多等特点，高校实验室安全管理难度大，高校应通过信息化手段提升高校实验室安全管理水平，提升高校在安全教育准入、危险化学品全生命周期管理、实验室气体安全管理和实验室安全检查方面的管理效率，提升管理效果，提升高校实验室总体安全水平。

参考文献：

[1] 尹梦云.高校化学实验室安全管理隐患及对策 [J].广州化工，2020，48 (14)：3.

[2] 李志红.100 起实验室安全事故统计分析及对策研究 [J].实验技术与管理，2014 (4)：5.

[3] 李广艳.浅析高校化学类科研实验室的危险化学品管理 [J].实验室研究与探索，2014，33 (11)：301-304.

[4] 孟令军，李臣亮，姜丹，等.高校实验室危险化学品安全管理实践 [J].实验技术与管理，2019，36 (2)：3.

[5] 罗海军，文江波，李少媚，等.高校危险化学品安全管理探讨 [J].山东化工，2020，49 (6)：2.

［6］汤营茂，缪清清，罗永晋，等．高校实验室危险化学品信息化智能管理探究［J］.实验室科学，2018，21（4）：3.

［7］韩晋东，陈刚．基于信息化背景的高校实验室危险防范机制研究［J］.实验科学与技术，2020，18（6）：6.

［8］辛克忠，李明伦，郑书波，等．高校实验室安全管理信息化研究［J］.电脑知识与技术：学术版，2021.

高等农业院校实验室分类分级工作探索

周超进　张国柱

（北京农学院国有资产管理处，北京，102206）

摘要： 随着国家对实验室安全的重视，教育部对实验室分类分级工作提出了新的要求，结合工作实践，构建农业院校实验室安全风险分级分类管理体系。按照危险源类别将实验室分为化学类、生物类、机械电子类、其他类等四类；通过《学校实验室危险源分类分级划分标准》，进行危险源辨识和风险评价，将实验室分为 A 级（高危险等级）、B 级（较高危险等级）、C 级（中危险等级）、D 级（一般危险等级）四个等级，并对不同等级实验室进行分级分类管理。

关键词： 安全风险；分级分类管理；危险源

为提高学校实验室安全管理工作的有效性和针对性，推进实验室危险源辨识、风险评价、防范和控制等工作开展，进一步降低实验室安全风险，按照《教育部关于加强高等农业院校实验室安全工作的意见》的要求，高等农业院校需要根据学校的实际，制定实验室分级分类管理标准，对不同等级的实验室采取不同的管理模式。因此，构建完善实验室分级分类管理体系成为当前各高等农业院校面临的重要任务[1]。

1　实验室安全风险分类

实验室危险源是指可能导致人员伤害或疾病、财产损失、工作环境破坏或上述情况组合的根源或状态因素[2]。危险源辨识是指识别危险源的存在并确定其特性的过程[3]。风险评估是指对危险源导致的风险进行评价，对现有控制措施的充分性加以考虑以及对风险是否可接受予以确定的过程[4]。实验室分类依据实验室中存在的危险源类别，根据高等农业院校教学科研特点，可将实验室分为生物类、化学类、机械电子类、其他类四种类别。

1.1　化学类

化学类实验室是主要涉及化学反应和化学品的实验室，主要危险源包括：

（1）毒害性、易燃易爆性、腐蚀性等危险物品；

（2）剧烈的化学反应可能产生高温、高压、强光、有毒气体等；

（3）高压、高温、高速等特种设备由于防护和设备设施缺陷所带来的物理性危险源。

此类实验室管理重点是易制毒化学品、易制爆化学品、国家公安机关重点监管的危险化学品、实验气体、化学废弃物等的安全管理及实验类型的安全审核。

1.2　生物类

生物类实验室是主要涉及微生物和实验动物的实验室，主要危险源包括：

（1）病原微生物，包括病毒、细菌、真菌、寄生虫等；

（2）生物材料，包括转基因生物、实验动物、实验用传代细胞等。

此类实验室管理重点是开展病原微生物等研究必须在具备相应安全等级的实验室进行，开展动物实验相关工作必须具有相应的许可证（生产许可证、使用许可证、从业人员资格证等），使用实验动物须从具有"实验动物生产许可证"的单位购买，开展转基因实验、动物实验等前须按照学校及北京市、国家相关管理办法进行申请、备案，实验人员须进行安全知识教育培训，实验中穿戴好相关安全防护用品等。

1.3　机械电子类

机械电子类实验室分为机械类和电子类。

机械类实验室是主要涉及机械、电气、强磁、激光、高温高压等设备的实验室，主要危险源包括高速、激光、强磁、加热、高压、大功率设备及其可能引起的物理性伤害。

电子类实验室是主要涉及计算机、电路板等的实验室，也包括各专业设立的机房，主要危险源包括带电导体上的电能造成的人员触电、电路短路、焊接灼伤等。

机械类实验室管理重点是高温、高压、高速运动、电磁辐射装置等特殊设备的安全管理及实验人员的操作规范。

电子类实验室管理重点是设备使用和用电规范安全。

1.4　其他类

其他类实验室是指不涉及上述分类的实验室，主要危险源为实验室消防安全风险和用电用水等安全风险。

此类实验室管理重点是消防和用电用水等规范安全。

2 实验室安全风险分级

2.1 分类标准

在分类的前提下，高等农业院校对实验室安全风险分级管理，实验室应开展危险源辨识以及风险评价，在此基础上进行风险控制和管理。常用的危险源辨识方法有调查法、对照法、分析法、经验法等[5]；风险评价方法有安全检查表法、专家评议法、风险指数法、矩阵法、量规法（Gauge Method）、风险树法、层次分析法、LEC 法、模糊综合评价法、DHGF 集成法、BP 神经网络法、大数据法等，可以分为定量、定性、半定量定性[6-8]。北京农学院结合安全检查表法和专家评议法优点，参考了十余所高等农业院校的实验室分级标准，制定了综合定性定量、具有实操性的《学校实验室危险源分类分级划分标准》（表 2-1）。其中，评价指标主要包括：危化品、病原微生物、钢瓶、压力

表 2-1 学校实验室危险源分类分级划分标准（试行）

序号	危险源类别	主要内容	A级（高危险等级）	B级（较高危险等级）	C级（中等危险等级）	D级（一般危险等级）
1	生物类	实验场所涉及微生物和实验动物的实验室，主要危险源包括病原微生物、转基因生物、实验动物、实验用传代细胞等	1. 活体实验动物房；2. 实验动物尸体暂存库房；3. 存在第一类和第二类病原微生物、转基因生物、高致病性生物材料废弃物的实验室	1. 存在第三类、第四类病原微生物的实验室	未列入以上两级的生物类实验室	—
2	化学类	实验场所涉及化学反应和化学品的实验室，主要涉及化学试剂、实验气体等危险源	1. 化学品暂存室、废弃化学品暂存；2. 有毒及易燃易爆气体；3. 高毒农药；4. 剧毒品、剧毒气体；5. 爆炸品；6. 第一类易制毒品；7. 存在放射性物品的实验室；8. 麻醉药品、精神药品	1. 管控化学试剂：易制爆品，第二、三类易制毒品；2. 一般危险化学试剂：有毒有害、易燃易爆、强氧化性、强腐蚀性等试剂；3. 压缩或液化惰性气体：单间存放钢瓶数量≥3瓶	1. 普通化学试剂；2. 少量酒精；3. 压缩或液化惰性气体：单间存放钢瓶数量≤2瓶	—

（续）

序号	危险源类别	主要内容	A级 （高危险等级）	B级 （较高危险等级）	C级 （中等危险等级）	D级 （一般危险等级）
3	机械电子类	机械类：实验场所涉及压力容器和设备、高转速设备、加热设备、特殊设备等危险源 电子类：实验场所涉及高电压大电流设备、激光设备、强磁设备等危险源 还涉及计算机、电路板等的实验室，包括各专业机房	机械类： 1. 压力容器：压力≥20MPa 的高压容器，压力≥3.8MPa 的锅炉； 2. 高转速设备：转速≥30 000r/min 的设备； 3. 特殊设备：行车、等离子设备、电弧放电设备、热淬火设备、锻压设备等； 4. 单间实验室中烘箱等加热设备数量≥6 台； 5. 单间实验室马弗炉、管式炉等加热设备≥2 台 电子类： 1. 高电压设备（电压≥1 000V）、大电流设备（电流≥500A）； 2. 单间实验室设备总功率≥40kW； 3. 激光设备：输出功率≥500W，如激光切割机、雕刻机、打孔机、焊接机等； 4. 强磁设备和环境：磁感应强度≥2T	机械类： 1. 压力容器：10~20MPa 的高压容器，压力＜3.8MPa 的锅炉； 2. 机械压力设备：冲压机、金属挤压液压机、四柱液压机等； 3. 高转速设备：10 000~30 000r/min 的设备； 4. 单间实验室中烘箱等加热设备数量3~5 台； 5. 单间实验室马弗炉、管式炉等加热设备≥1 台； 6. 额定起重量≥3t 的起重机械及叉车、电梯等（行车除外） 电子类： 1. 较高电压设备（380~1 000V）、较大电流设备（100~500A）； 2. 单间实验室设备总功率：10~40kW； 3. 激光设备：0.5W≤输出功率＜500W，如激光切割机、雕刻机、打孔机、焊接机、指示器等； 4. 强磁设备和环境：0.5T≤磁感应强度＜2T	机械类： 1. 压力容器：压力＜10MPa 的容器； 2. 机械加工设备：高速、回转机械、车床、钻床、铣床、刨床等； 3. 特种加工设备：线切割机、电火花机等、注塑机、电焊设备等； 4. 单间实验室中烘箱等加热设备数量≤2 台 电子类： 1. 单间实验室设备总功率＜10kW； 2. 24 小时不断电设备； 3. 微波暗室； 4. 中磁设备和环境：0.2T≤磁感应强度＜0.5T； 5. 电烙铁、电吹风、热风枪、电磁炉等； 6. 计算机机房； 7. 带计算机的语音室； 8. 植物培养室	未列入以上三级的机械电子类危险源

（续）

序号	危险源类别	主要内容	A级（高危险等级）	B级（较高危险等级）	C级（中等危险等级）	D级（一般危险等级）
4	其他类	实验场所涉及上述以外的其他危险源	—	1. 舞台升降机械；2. 涉及粉尘爆炸危险的场所	1. 有毒、易燃的绘画材料颜料、釉料、染料、清洗剂等；2. 木工加工场所；3. 易发生绞、碾、碰、戳、切、割等伤害的体育艺术器材等	未列入以上三级的其他类危险源

容器、风险较高设备、24 小时不断电运行设备、辐射设备等。依据实验室所涉及的实验过程、实验材料、实验设备、环境因素等方面产生综合风险的高低，将实验室安全风险级别由高到低划分为 A 级（高危险等级）、B 级（较高危险等级）、C 级（中等危险等级）、D 级（一般危险等级）。认定标准满足其一即可认定为该级别，含多种级别危险源的按最高级别认定。

2.2　分级分类要求

2.2.1　分类

（1）根据实验室危险源的特征，将危险源分为生物类、化学类、机械电子类和其他类，共 4 个类别。

（2）若存在两个及以上类别的危险源，须辨识所有涉及的危险源类别。

2.2.2　分级

（1）根据实验室危险源可能引发危险的严重程度，将危险源的安全风险等级由高到低分为 A 级（高危险等级）、B 级（较高危险等级）、C 级（中等危险等级）、D 级（一般危险等级），共 4 个等级。

（2）对于同一类别的危险源，按照"就高"原则，确定为该类别危险源的安全风险等级。

（3）综合各类别危险源的安全风险等级，按照"就高"原则，确定实验室安全风险等级，如：实验室同时具有较高等级的危险源和较低等级的危险源，安全风险等级按照较高等级确定。

3　实验室分级管理要求

实验室危险源分级分类工作，为进一步实施实验室安全精细化管理打下了基础。根据危险源分级不同，各级实验室有具体管理要求[9]。

3.1　A级实验室

（1）实验室应建立危险源清单，每月统计一次本实验室危险源的种类及数量变化情况，报所在学院（单位）备案。

（2）实验室应对不同的危险源制定相应的管控方案和应急预案，完善实验室相关安全管理制度，报所在学院（单位）备案。

（3）实验室必须制定符合实验室特点的安全培训内容和计划，每月对相关人员进行至少一次安全教育。

（4）实验室安全自查次数每月不少于4次，所属学院（单位）安全检查次数每月不少于2次，学校安全巡查次数每月不少于1次。

3.2　B级实验室

（1）实验室应建立危险源清单，每月统计一次本实验室危险源的种类及数量变化情况，报所在学院（单位）备案。

（2）实验室应对不同的危险源制定相应的管控方案和应急预案，完善实验室相关安全管理制度，报所在学院（单位）备案。

（3）实验室必须制定符合实验室特点的安全培训内容和计划，每2个月对相关人员进行至少一次安全教育。

（4）实验室安全自查次数每月不少于2次，所属学院（单位）安全检查次数每月不少于1次，学校安全巡查次数每2个月不少于1次。

3.3　C级实验室

（1）实验室应建立危险源清单，每月统计一次本实验室危险源的种类及数量变化情况，报所在学院（单位）备案。

（2）实验室应对不同的危险源制定相应的管控方案和应急预案，完善实验室相关安全管理制度，报所在学院（单位）备案。

（3）实验室必须制定符合实验室特点的安全培训内容和计划，每季度对相关人员进行至少一次安全教育。

（4）实验室安全自查次数每月不少于1次，各学院（单位）安全检查次数每2个月不少于1次，学校安全巡查次数每季度不少于1次。

3.4　D级实验室

（1）实验室应建立危险源清单，每月统计一次本实验室危险源的种类及数量变化情况，报所在学院（单位）备案。

（2）实验室应对不同的危险源制定相应的管控方案和应急预案，完善实验室相关安全管理制度，报所在学院（单位）备案。

（3）实验室必须制定符合实验室特点的安全培训内容和计划，每学期对相关人员进行至少一次安全教育。

（4）实验室安全检查次数每 2 个月不少于 1 次，各学院（单位）安全检查次数每季度不少于 1 次，学校安全巡查次数每学期不少于 1 次。

4　结语

高校实验室既是教学科研工作开展的重要载体，也是人才培养的重要基地。随着高校科研水平的提升，实验室风险源种类和数量也随之提升，实验室安全隐患层出不穷，如何对实验室进行精细化管理成为重要的研究课题。目前北京农学院通过开展实验室分级分类工作，制定《学校实验室危险源分类分级划分标准》，建设"实验室综合管理系统"和"实验耗材管理系统"，实现了化学品、特种设备、气瓶等采购、使用、废弃全流程监控系统，为危险源的全生命周期管理奠定了坚实基础，保障了学校教学科研工作的顺利开展。

参考文献：

[1] 潘蕾 . 高等农业院校实验室安全风险分级管理机制的构建与实践 [J]. 实验技术与管理，2017，34（3）：4.

[2] 国家质量监督检验检疫总局 . 职业健康安全管理体系要求：GB/T 4500—2020 [S]. 北京：国家质量监督检验检疫总局，2020.

[3] 中国标准化研究院 . 生产过程危险和有害因素分类与代码：GB/T 13861—2022 [S]. 北京：中国标准化研究院，2022.

[4] 高惠玲，董鹏，董玲玉，等 . 基于危险源辨识和风险评价的高校实验室安全管理 [J]. 实验技术与管理，2018，35（8）：4-9.

[5] 陈国华 . 风险工程学 [M]. 北京：国防工业出版社，2007.

[6] 赵雨霄，马庆，石琳 . 改进 lec 法评估化学类实验室安全风险 [J]. 天津化工，2021（6）：035.

[7] 王敏，田端正，施小平，等 . 高校环境类实验室安全风险评估探索 [J]. 2017.

[8] 任刚，余燕 . 模糊评价在生化分析实验室安全风险评价中的应用 [J]. 实验室研究与探索，2013（8）：489-492.

[9] 潘蕾 . 高校实验室安全风险分级管理机制的构建与实践 [J]. 实验技术与管理，2017，34（3）：4.

安全视角下实验室仪器设备设施采购经验谈

周 琦

（北京农学院国有资产管理处，北京，102206）

摘要： 高校实验室仪器设备设施是高校科技创新的物质载体，其安全性有两层重要的内涵：仪器设备安全与安全设备。目前高校实验室仪器设备设施采购存在采购人编制招标文件不够严谨、供应商以虚假材料谋取中标等问题。本文中提出通过提高招标文件规范性与科学性、通过技术提高投标文件防篡改等途径可以优化高校仪器设备设施的采购。

关键词： 高校实验室；安全设备；采购

1 采购标的物分类

从安全角度，高校实验室采购标的物分为软件与硬件采购，软件一般是综合了实验室基础信息、安全教育、实验室准入、风险点位、危险化学品与压力气瓶等采购等内容，如实验室安全管理平台、电子识别系统等。此类软件一般单价较高，通过公开招标方式进行采购。硬件主要是实验室仪器设备设施。实验室仪器设备设施硬件安全性有两层重要的内涵：仪器设备安全与安全设备。要准确地区别实验室安全设备与实验室设备安全，不是所有的实验室设备都是安全设备，安全设备一定是保证实验室安全的基础设施，包括：实验室内的通风净化装置，存放压力气瓶间的气体监测与报警装置，危险废弃物库房内的危险废弃物处理装置，除静电装置，存放易制爆危险化学品库房的监控、危险化学品柜等防爆装置，易制毒化学品库房的试剂柜等。

采购要注意其安全性，对于单价金额较高的设备设施通过公开招投标方式采购，金额较小的设备设施则采用竞争性磋商、谈判、零散采购等方式。

2 目前高校实验室仪器设备设施采购存在的问题

2.1 采购人编制招标文件不够严谨

公开招标文件是高校编制后公开给社会的文件，承担着满足高校事业发展需求与促进社会经济活动的任务。供应商（第三方供货机构）将招标文件作为开展投标活动、编制投标文件的重要依据，因此公开招标文件要编制清楚、明确，易于理解，使投标供应商准确领会高校采购人的需求，并能够根据供应商实际情况最大限度地提出符合高校采购需求的投标方案，并形成具有竞争力的采购文件。目前高校由于招标文件不够严谨引起的供应商投诉较多，如未在采购文件中明确规定不允许进口产品参加的，视为拒绝进口产品参加。如允许进口产品参加的，应在采购文件中予以明示。

2.2 供应商以虚假材料谋取中标

部分供应商违反诚实信用原则，通过修改投标文件中的仪器设备设施参数达到招标要求。仪器设备设施的技术参数是其产品性能的说明，直接决定了仪器设备设施能否满足高校采购人的科研、教学、安全需要。供应商通过虚假数据获得中标会带来双重危害：既剥夺了其他投标人的中标机会，对其他投标人造成不公，也使得高校采购人无法通过竞争获得真正符合高校事业发展要求的仪器设备设施，对高校采购人合法权益造成侵害。

3 提升采购效益途径

3.1 提高招标文件规范性与科学性

要注意实验室仪器设备设施的安全性能，配备通风系统的实验台。该平台通过在中央控制单元的协调下对通风设备实现智能远程控制，最大程度地避免实验过程中产生的各种有害气体对老师和学生的伤害，保证生命健康安全。高校对教育装备的水平要求越来越高，数量需求越来越大，在高校仪器设备的采购过程中，针对高校特点，更好地为学校教学、科研及管理工作做好服务。

3.2 通过技术提高投标文件防篡改

对于实验室技术参数要求高、安全指标高的设备设施来说，高校采购人在采购的时候尤其要注意警惕供应商修改投标文件。目前主要通过查询技术要求必需的产品证书，或是通过产品运营商材料证明投标的产品数据参数是否与招标文件相符来验证。国际上[1]通过利用区块链技术构建全流程透明的采购流程来降低采购腐败与风险。世界经济论坛[2]则是呼吁在关键利益相关者之间就数字信任的含义，以及采取可衡量的步骤来提高数字技术的可信度，达成全球共识，这样可以降低采购过程中的风险。

参考文献:

[1] World Economic Forum，Exploring Blockchain Technology for Government Transparency：Blockchain-Based Public Procurement to Reduce Corruption，2020.

[2] World Economic Forum，Earning Digital Trust：Decision-Making for Trustworthy Technologies，2022.

第二部分

资产管理创新

北京农学院大型仪器设备共享平台运行模式

宋婷婷　张国柱

（北京农学院国有资产管理处，北京，102206）

摘要： 高校大型仪器设备开放共享是充分利用实验室资源，提高设备使用率，改革实验室管理的一项重要措施。结合北京农学院的大型仪器设备资源实际情况，通过完善管理制度，搭建网络预约系统，构建考评体系，增加激励措施等对策途径的实践尝试，有效地促进了仪器资源的开放、共享和可持续发展。本文将北京农学院大型仪器开放共享工作的开展情况和获得的收益进行梳理和展示，为今后更好地开展农科特色的实验室资源管理提供参考。

关键词： 大型仪器设备；实验室资源；开放共享；使用流程

北京农学院是一所以服务乡村振兴、强农兴农为己任的首都高等农林院校，建立健全学校的大型仪器设备开放共享机制，提高科技资源的利用率和共享水平，在教学实践中夯实新农科建设的基础，是当前推进科技兴农的重要一环，也是解决现阶段高校资源配置矛盾的重要举措[1]。

为了牢固树立创新、协调、绿色、开放、共享的发展理念，积极打造覆盖各类科研设施与仪器、统一规范、功能强大的专业化、网络化管理服务体系，2014 年国务院发布《关于国家重大科研基础设施和大型科研仪器向社会开放的意见》（国发〔2014〕70 号），要求推进国家重大科研基础设施和大型科研仪器的开放共享，进一步提高资源利用效益。为推进国务院 70 号文的实施，学校高度重视大型仪器共享平台建设，根据实际情况制订了适合现阶段发展且可实施的一系列规章制度，积极统筹 13 个省部级科研平台和本科示范中心，构建了实体与线上相结合的大型仪器共享平台，充分释放设备资源的服务潜能，提高大型仪器的使用效率[2]。

1 大型仪器设备开放共享工作思路

推进仪器开放共享是国家的要求、社会的需求、高校师生的诉求。学校历来重视仪器设备共享开放，在多年探索的基础上提出了"共享、共建、共赢"的大型仪器设备共享工作思路，努力搭建、优化共享平台体系。明确共享是目的、共建是手段、共赢是效果的指导思想，实现学校有收益，共享单位、工作人员有收益，共享工作开展有保障[3]。

学校针对原值在 40 万元以上的科研仪器设备进行统一的集中集约化管理，整体谋划、逐步推进打破"院系壁垒"，2019 年开始以植物科学技术学院、动物科学技术学院和生物与资源环境学院为试点运行，进一步探索运行模式，建立大型仪器设备开放共享平台。2018 年学校制定出台了《北京农学院科研基础设施和大型仪器设备开放共享平台管理办法（试行）》并于 2021 年进行修订。

2 大型仪器设备共享平台建设

大型仪器设备共享平台满足了学校对大型仪器的全面掌控，消除了大型仪器设备管理在日常使用的重置、浪费等现象（图 2-1）。通过需求调研规范业务和信息资源管理，界定各相关二级单位对大型仪器设备管理的职责，规范大型仪器使用的流程、实时掌控设备状态。使仪器设备资源在校内获得充分共享开放，发挥仪器设备优势，在资源相对约束的条件下充分挖掘实验室潜能，有

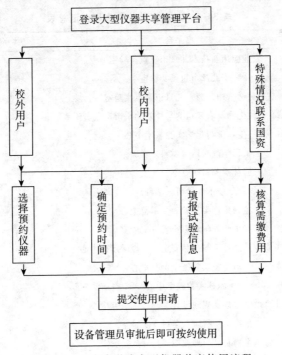

图 2-1 北京农学院大型仪器共享使用流程

效避免仪器设备的闲置。

3 开放共享工作成效

自 2019 年第一批共计 43 台大型仪器设备上线开放后，学校坚持制度推动、信息共享、资源统筹、奖惩结合等多举措并行，不断加强大型仪器开放共享，现平台已有 122 台件大型仪器配置完成（占学校可共享贵重仪器设备 90％以上），可满足学校实际状况和功能需求。

3.1 科研设施与仪器开放程度显著提高

根据学校实际，大型仪器共享平台分批、分级将原值 40 万元以上的大型仪器设备开放共享服务。自 2019 年第一批共计 43 台（套）大型仪器设备上线开放后，学校坚持不断加强大型仪器开放共享，现平台已有 122 台（套）大型仪器配置完成，开放设备占学校可共享贵重仪器设备 90％以上。校内共享平台建设物联网点位 40 个，建设实体收费平台 17 个（表 3-1），平台注册用户 393 人，涉及 30 余个课题组参与使用，累计使用仪器 949 次，有力保障了教学科研和社会服务的仪器设备使用需求。

表 3-1　北京农学院共享平台汇总表

序号	共享平台	共享设备数量（台/套）
1	农业应用新技术北京市重点实验室	30
2	华北都市重点实验室	23
3	兽医学（中医药）北京市重点实验室	19
4	农产品有害微生物及农残检测与控制北京市重点实验室	13
5	生物学与化学实验教学中心	11
6	植科学院科研（学科）实验室	6
7	园林学院科研（学科）实验室	5
8	动物科学技术院科研（学科）实验室	5
9	植物生产类实验教学示范中心	3
10	奶牛营养学北京市重点实验室	2
11	都市农业食品加工与食品安全实验教学示范中心	2
12	动物类实验教学示范中心	1
13	园林实验教学中心	1
14	北京市乡村景观规划设计工程技术研究中心	1
15	生物学院科研（学科）实验室	1
16	农业生物制品与种业中关村开放实验室	1
17	食品学院科研（学科）实验室	1

3.2　仪器设备形成全生命周期管理

大型仪器的开放共享工作进一步优化了仪器设备的采购、运行、维护和使用管理制度，构建了大型仪器共享管理网络服务平台，逐步推行大型仪器设备使用的全生命周期管理。大型仪器共享加强了资源的统筹利用，通过将管理重心前移，确保在购置前就充分考虑设备的使用要求和功能搭配，结合学科特点，强化仪器设备布局的顶层设计，做好购置论证、查重评议、质量验收、优化配置、功能开发、效益评估和维护维修报废处置等工作。

3.3　仪器开放与学科特色结合

农业院校有其学科的特殊性，很多仪器设备具有专业限制，多用于农业研究。针对提高仪器设备使用率方面，北京农学院首先关注打破院系壁垒的校内共享，根据实际情况加强学院的共享平台建设，在满足教学科研需求的基础上，科研设施与仪器最大限度地在院系之间进行开放使用。在推动仪器设备良好运行和统筹开放共享的同时，突出新农科特点，成功构建了具有农林学科特色的多学科集聚共享的平台管理体制机制，提升了集约化管理效益。

4　大型仪器开放共享平台的使用流程

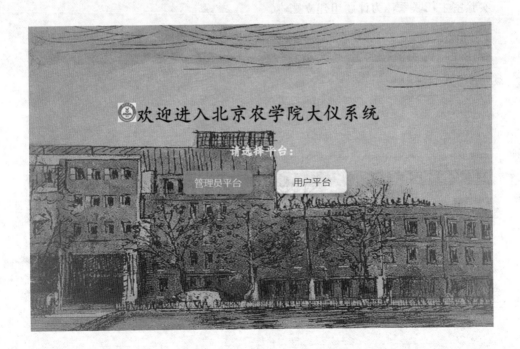

4.1 用户登录

校内用户的用户名是工号/学号；初始密码是工号/学号，可以直接从校内平台-常用应用登录（校外用户需要通过 VPN 才能登录，登录前请先注册）

4.2 查询、预约

用户登录后在"大仪共享平台系统"中查询使用设备，与设备管理员或各实验室主任联系，为课题组建立账本。

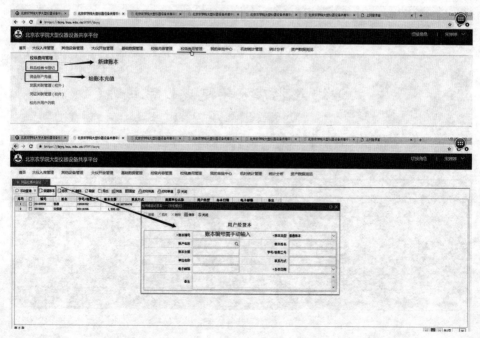

　　获得账本的老师可以新建课题组及添加学院，并将对应的学生拉入课题组。（校内只有教师身份可新建课题组）

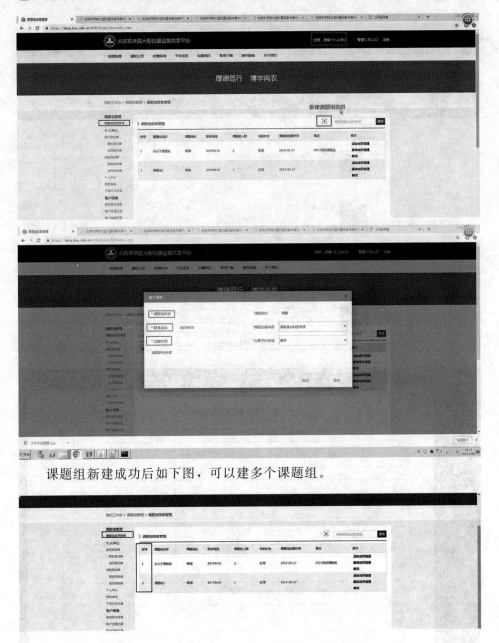

　　课题组新建成功后如下图，可以建多个课题组。

4.3　预约使用设备

　　根据实际情况，如实填写预约单。预约完成后可形成《大型仪器设备使用结算单》，结算单需要手动填写财务报销项目名称、报账号和在学生姓名旁边备注手机号码，填写完整后经导师签字交给设备管理员。

4.4 共享结算

同时登录财务处网址填写《预约借款单》，注意事项：①填写"预约借款单"；②支付方式为支票；③收款单位填写"国有资产管理处"；④负责人为实际支出项目的负责人；⑤经办人为申请使用仪器的申请人（研究生）；⑥借款科目为测试费；⑦验收人为设备管理员。《大型仪器设备使用结算单》和《预约借款单》填写完毕交给设备管理员，各实验室汇总后统一交国资处作为报销凭证。

校外用户遵循先充值后使用方式，先向"北京农学院账户"汇款，汇款到账后由相关设备管理员填写"大型仪器共享资金转入单"，并交到国资处，由国资处办理入账手续。

5 结束语

大型仪器设备在高校里承担着人才培养、科学研究和服务社会的重要职能[4]，北京农学院"大型仪器设备共享平台"构建基于移动互联网的预约系统，是大型仪器设备管理模式的一种创新，解决了传统电话预约和现场预约在灵活性、及时性和便捷性上的不足，促进了大型仪器设备的开放共享程度的提高。

通过3年的运行，从制度建设、信息化建设、实验技术创新、培训和考核机制等方面已经摸索出一套适应学校实际的运转模式，科学地推进了仪器设备的开放共享。下一步学校将拓展仪器设备的广度应用和增强深度创新，加大功能开发和技术融合上的资源投入，进一步促进共建共享规范化、科学化、效益化，助力学校"双一流"建设。

参考文献：

[1] 祁春节，王刘坤，曾光．基于全产业链的新型农林人才培养模式创新及实践研究［J］．中国科技论坛，2021（9）：134-142.

[2] 严丽娟，陈永清，舒婕．高校大型仪器共享平台高质量发展的思考——基于资源配置机制及运行效益提升的改革对策［J］．中国高校科技，2021（8）：22-25.

[3] 张拥军．新农科视野下农林高校课程思政建设路径思考［J］．中国高等教育，2021，（Z2）：35-37.

[4] 王文虎，张德祥，李晓鹏．基于移动互联网的大型仪器设备推荐系统的研究［J］．信息与电脑，2021（20）：128-132.

大型仪器开放运行的理论与实践
——以高压液相色谱仪为例

王建舫　崔德凤　李　佳　张银花　常　迪

［北京农学院兽医学（中医药）北京市重点实验室，北京，102206］

摘要： 为了提高大型仪器设备使用效率，使大型仪器设备实现开放共享，以高压液相色谱仪为例，针对大型仪器开放共享平台的使用，高压液相色谱仪配套仪器和耗材的准备，样品的准备，流动相的准备，色谱条件的筛选，对照品的选择到方法学考察和数据分析等方面进行了探讨，以期为高压液相色谱仪和相关大型仪器设备的使用提供参考。

关键词： 大型仪器；开放共享；高压液相色谱仪

　　北京农学院国资处为了提高大型仪器设备的使用率，为广大师生科研服务，同时调动仪器管理人员的积极性，经过近 1 年的准备，于 2019 年 9 月，大型仪器预约使用平台正式上线使用。动物科学技术学院兽医学（中医药）北京市重点实验室的高压液相色谱仪是率先开放的大型仪器之一。两年来，使用该仪器的老师和同学大都没有相应的基础，从仪器预约、耗材购买、样品制备、方法学考察到后期的结果计算分析，每一步都需要经过数次交流，使老师同学从不理解到理解，最终完成试验。根据经验进行了如下整理。

1　大型仪器预约平台的使用

　　参照"北京农学院大型仪器设备共享平台普通用户手册"，以教师为例。拟使用平台的教师，需要联系仪器管理员，建立账本。在北京农学院信息平台上找到"应用中心"，在"应用中心"内找到"大型仪器"，点开"大型仪器"，出现"欢迎进入北京农学院大仪系统"，选择用户平台，点击进入；进入"北京农学院大型仪器设备共享平台"界面，在"您好，用户登录"处，点击进入，登录的用户名和密码都为工号，教师默认为项目组长，需要填写项目的基本信息，包括：课题组名称、联系电话、创建时间、项目名称、项目经费来源、主要学科领域等，提交。登录后，点击"个人中心"，点击"仪器预约"找到需要使用的仪器，点击"委托测试"，阅读"北京农学院大型仪器设备安全须知"同意并继续，填写"北京农学院委托测试申请单"，提交后，设备管理员进行委托预约审批，然后进行试验。完成试验后，设备管理员核定费用，用户对测试过程中所产生的费用进行确认。

2　试验部分

2.1　仪器和耗材[1]

高压液相色谱仪（美国沃特世公司，E 2695）；二极管阵列检测器（美国沃特世公司，2998）；Empower 2 软件，配有系统适用性软件，可以计算色谱峰的分离度和理论塔板数。超声波清洗器（昆山市超声仪器有限公司，KQ 600 E）。真空泵（天津市津腾实验设备有限公司，GM 0.33 A）。天平（梅特勒-托利多公司，XS 205）。纯水仪（上海力新仪器有限公司，NW 30 VFE）。溶剂过滤器（天津市津腾实验设备有限公司，1L，固定砂芯）。微孔滤膜（天津市津腾实验设备有限公司，孔径 $0.45\mu m$，直径 50mm，分为水系和有机系）。2.5mL 注射器。进样瓶（美国沃特世公司，2mL）。针式过滤器（天津市津腾实验设备有限公司，孔径 $0.22\mu m$，分为水系和有机系）。进样瓶盖（美国沃特世公司，盖、垫一体，有切线）。甲醇（赛默飞世尔科技有限公司，色谱纯，规格 4L）。乙腈（赛默飞世尔科技有限公司，色谱纯，规格 4L）。样品需要不少于 10 批样品。

2.2　样品的准备-以中药为例

中药提取的方法有超声[1-5]；过柱[6]：包括过柱、洗脱、蒸干、溶于甲醇；萃取[7]：包括超声、水饱和正丁醇萃取，氨试液洗后蒸干，加甲醇；水煮[8]；加热回流[9-10]：中药经粉碎后，按照 2020 版《中国药典》各自的规定过筛，加热回流。用 $0.22\mu m$ 有机滤膜过滤，备用。

2.3　流动相的准备

用超纯水配置好的水相，用 $0.45\mu m$ 有机滤膜过滤后，放到 1L 溶剂瓶中，超声 10min 备用。

2.4　色谱条件的筛选

查阅资料选择合适的色谱条件，色谱条件包括：色谱柱型号规格、色谱柱温度、洗脱液比例、洗脱时间、流速、检测波长。

2.5 对照品的选择

查阅资料，选择样品中含有的成分。

2.6 含量测定[11-12]

2.6.1 方法学考察

(1) 专属性试验。在同一色谱条件下进样，比对对照品的保留时间和样品的保留时间，计算分离度，一般二者的保留时间相差不能超过 0.5min，分离度大于 1.5，结合一致的光谱吸收特性，可认定为同一种成分。

(2) 线性试验。在同一色谱条件下，分别吸取 6 个浓度梯度的对照品溶液，对色谱图进行处理后计算出峰面积，以对照品浓度（μg/mL）为横坐标、峰面积值为纵坐标，计算回归方程，R^2 需大于等于 0.999 0。

(3) 精密度试验。对照品溶液，在 24h 内，在同一色谱条件下，连续 6 次进样，计算峰面积的相对标准偏差（relative standard deviation，RSD）。RSD 可接受范围见表 2-1。

(4) 稳定性试验。同一样品溶液，在同一色谱条件下，在 24h 内进样 6 次，计算峰面积的相对标准偏差（relative standard deviation，RSD）。RSD 可接受范围见表 2-1。

(5) 重复性试验。同一样品，制备 6 个平行样品，在同一色谱条件下进样，计算峰面积的 RSD。RSD 可接受范围见表 2-1。

(6) 回收率试验。用同一样品制备 6 个平行样品，测定 6 个样品中对照成分的含量，分别加入同等体积的 100% 含量的对照品，计算加样回收率。用实测值与供试品中含有量之差，除以加入对照品量计算回收率。加样回收试验中须注意对照品的加入量与供试品中被测成分含有量之和必须在标准曲线线性范围之内。计算回收率的 RSD。回收率限度和 RSD 可接受范围见表 2-1。

表 2-1 样品中待测成分含量与回收率限度及精密度、稳定性、
重复性和回收率的 RSD 可接受范围

待测成分含量		回收率	回收率	精密度	稳定性	重复性
%	mg/g	限度/%	RSD/%	RSD/%	RSD/%	RSD/%
100	1 000	98~101	2	2	2	2
10	100	95~102	3	3	3	3
1	10	92~105	4	4	4	4
0.1	1	90~108	6	6	6	6
0.01	0.1	85~110	8	8	8	8
0.001	0.01	80~115	11	11	11	11

2.6.2　含量测定

每批样品制备 3 个平行样品，在同一色谱条件下测定 3 次，需要计算出对照成分的含量，每批样品的 RSD。

2.7　指纹图谱

2.7.1　方法学考察

（1）精密度试验。同一样品溶液，在同一色谱条件下，连续 6 次进样，把色谱图转成 AIA 格式，进行相似度分析，相似度需大于等于 0.98。

（2）稳定性试验。同一样品溶液，在同一色谱条件下，在 24h 内进样 6 次，把色谱图转成 AIA 格式，进行相似度分析，相似度需大于等于 0.98。

（3）重复性试验。同一样品，制备 6 个平行样品，在同一色谱条件下进样，把色谱图转成 AIA 格式，进行相似度分析，相似度需大于等于 0.98。

2.7.2　相似度评价

相似度评价采用"中药色谱指纹图谱相似度评价系统"软件（2012 版）。把 S1 号样品的色图谱设为参照图谱，采用中位数法，时间窗宽度设为 0.5min，进行色谱峰匹配和相似度评价。

2.7.3　聚类分析[13]

利用 SPSS 20.0 软件进行聚类分析，HPLC 指纹图谱中的峰面积经标准化处理后，运用 SPSS 20.0 进行聚类分析，选择以组间联接作为聚类方法，度量标准选择平方 Euclidean 距离，绘制树状图。

2.7.4　主成分分析[13]

利用 SPSS 20.0 软件进行聚类分析，把样品的共有峰面积导入 SPSS 20.0 统计软件进行主成分分析，以特征值 1 为提取标准，筛选主成分。

3　结语

大型仪器设备良好的运行，不仅要求大型仪器设备本身的质量过硬，还需要学校政策的支持，更需要仪器管理员付出时间和精力来维护，需要有长期的相关知识储备和丰富的试验和仪器使用经验。高压液相色谱仪开放运行两年来的经验证明，来使用大型仪器设备的老师和同学，绝大部分没有使用经验，他们根据项目的试验目的，参与试验方案改进，共同探讨，减少老师和同学的试错率，从而向仪器管理员提出了更高的要求。总之，学校大型仪器设备的开放管理不仅提高了大仪的使用效率，同时为科研搭建了深化的平台，能够充分发挥大型仪器在科研及社会服务中的作用。

参考文献：

［1］ 文君，赵雅芬，冯莹莹，等 . 7 批北苍术样品药效组分的高效液相色谱测定 ［J］. 北京农学院学报，2021，36（3）：83-87.

［2］ 员浬，陈小秀，徐文芬，等 . 石吊兰 HPLC 指纹图谱的建立 ［J］. 中成药，2020，42（7）：1943-1948.

［3］ 王越欣，苗雨露，王梅，等 . 青翘和老翘的 HPLC 指纹图谱比较及聚类分析、主成分分析 ［J］. 中国药房，2021，32（6）：663-668.

［4］ 王震 . 不同生长期穿心莲药材 HPLC 指纹图谱及化学模式识别 ［J］. 药物分析杂志，2021，41（3）：410-420.

［5］ 董瑞珍，陈垣，郭凤霞，等 . 大黄 HPLC 指纹图谱建立 ［J］. 中成药，2020，42（9）：2505-2510.

［6］ 党晓月，朱志军，王永祥，等 . 生脉饮 HPLC 指纹图谱与化学模式识别研究 ［J］. 中药材，2020，43（12）：2988-2991.

［7］ 张迟，黄戎婕，曾金祥，等 . 不同产地桔梗 HPLC 指纹图谱及化学模式识别研究 ［J］. 天然产物研究与开发，2020，32：1269-1277.

［8］ 马明，张开雪，熊超，等 . 板蓝根标准汤剂质量标准研究 ［J］. 中华中医药杂志，2020，35（10）：5139-5144.

［9］ 韩忠耀，张涛，李燕，等 . 不同采收期大接骨丹 HPLC 指纹图谱建立及化学模式识别 ［J］. 中成药，2021，43（2）：547-551.

［10］ 李慧峰，孟霜，曾桐春，等 . 中华苦荬菜药材的 HPLC 指纹图谱研究 ［J］. 陕西中医药大学学报，2020，21（4）：267-269.

［11］ 国家药典委员会 . 中华人民共和国药典：一部 ［M］. 北京：中国医药科技出版社，2020.

［12］ 王建舫，朴美憬，穆祥 . 黄连水提液中盐酸小檗碱含量检测方法的建立 ［J］. 中兽医医药杂志，2016，35（5）：38-39.

［13］ 方洛云，周先林 . SPSS 20.0 在生物统计中的应用 ［M］. 北京：中国农业大学出版社，2014.

高校大型仪器使用率提升思考与探讨

张鸿雁　王　蒸　高鑫立

（北京农学院校办产业处，北京，102206）

摘要： 大型仪器设备是高校开展教学、人才培养和科技创新活动的必要条件。高校教师和科研人员对于大型仪器的迫切需求和大型仪器设备实际使用率之间存在着矛盾。本文通过分析研究大型仪器设备使用管理中存在的主要问题，探讨提高高校大型仪器设备利用率的改革措施。为更好地发挥大型仪器的使用效率，更好地服务学校教学科研，服务社会科技创新提供参考。

关键词： 高校；大型仪器设备；利用率；管理

高校利用大型仪器设备开展人才培养、科学技术研究与创新工作。随着我国经济发展和教育经费的持续大量投入，高校实验室教学和科研条件得到极大改善，各大高校均建立了设备齐全的实验室，为各类合格人才培养和基础研究水平提升提供了重要的物质基础[1]。随着大型仪器设备在高校仪器设备中所占的比例越来越大，如何管理、利用这些昂贵的大型仪器，更好地服务学校，服务社会，发挥其更大的使用效率是各个高校面临的一个亟待解决的关键问题。为加快推进大型仪器设施向社会开放共享，进一步提高科研资源利用效率，国务院印发了《关于国家重大科研基础设施和大型科研仪器向社会开放的意见》（国发〔2014〕70号）。此后，国务院办公厅印发了《关于推广第二批支持创新相关改革举措的通知》（国办发〔2018〕126号），在取得了一批改革突破和可复制推广经验的基础上，推广以授权为基础、市场化方式运营为核心的科研仪器设备开放共享机制[2]。

1　大型仪器设备使用管理中存在的主要问题

1.1　缺乏专业的使用管理人员

大型仪器构造复杂，制作精细，需要专业的人员进行管理和使用。高校管理人员虽然众多，但是针对某一大型仪器的专业使用人员缺乏，导致仪器没人会用，无法进行专业的维护，闲置率较高。

1.2 缺乏健全的规章管理制度

由于缺乏专业的管理和使用该某型号大型仪器的人员不能熟悉大型仪器的运行和维护知识，无法有效制定合适的大型仪器规章管理制度，仅仅服务高校师生，设备共享性差，同时导致大型仪器设备利用率低。

1.3 缺乏足够的维修费用

大型仪器设备采购费用很高，但是后期维护费用更高，特殊的大型仪器其耗材也较为特殊和昂贵，如果使用人员在使用时操作不当就会降低设备的使用寿命，维修维护费用增加。高校老师科研经费有限，很难承担昂贵的维修费用，通过其他方式进行维修，维修周期长，同样降低了大型仪器设备利用率。

2 提高高校大型仪器设备利用率的改革措施

2.1 引进专业的管理使用技术人才

引进能够熟悉大型仪器构造与制作的专业技术人员进行管理和使用，一个仪器配备一个专业的管理人员，通过不断地培训学习提高仪器的使用效率。鼓励教授、讲师、博士等高级人才参与到仪器设备的使用与管理及实验室的管理工作中来，提高大型仪器的使用效率和教师的相关业务水平[3]。

2.2 规范各项管理制度

通过专业管理和使用人才对某型号仪器的熟练使用和构造了解，制定每个仪器合适的使用规程，包括使用人员、使用时长、操作步骤。通过制定科学完善的资产管理制度保护好仪器设备，减少仪器设备故障发生率，延长仪器设备的使用寿命从而提高工作效率和服务水平，保证仪器设备利用率最大化。

2.3 建立信息化大型仪器设备管理平台

建立大型仪器设备信息化共享平台，使使用者能够了解共享仪器设备的用途、性能、应用领域。促进校内各部门、各学院实验室人员之间的共享，保证大型仪器设备使用率达到最大化。

2.4 加强对外开放，设立专项维修基金

设立专项维修基金用于大型精密仪器的维修和使用，专款专用。在保障完成学校教学、科研任务的前提下，加大大型仪器设备的对外开放力度，面向社会进行技术服务补充大型仪器设备维修、维护经费的不足，提高大型精密仪器的利用率及使用效益[4-5]。

2.5 构建高校大型仪器第三方运营管理模式

建立一个行之有效的校级大型仪器共享服务平台是解决共享难题的利器，各个高校已经相继建成，此后，通过第三方专业化服务机构的市场化运营服务模式，可以建立和完善平台管理相关规章制度，规范平台管理和服务运营模式，形成共享服务考核机制，推动共享服务做实做深。可以紧密跟踪市场化服务需求，动态调整平台展示的共享仪器和服务项目，推进与仪器使用需求方的互动交流。可以促进高校仪器设备管理者、操作者的共享服务理念，以经济化手段提升仪器服务团队的共享意愿。可以进行深度大数据挖掘和分析，为平台的运营服务提供指导方向，为校级管理者提供决策支撑[2]。

第三方专业化服务机构依托高校大型仪器资源，与高新技术园区、行业协会、公共服务平台与社会中介组织等建立起合作关系，以实验室开放日、创新创业大赛/创新服务挑战赛、产学研对接会、主题论坛峰会、路演培训沙龙等形式，为仪器设备使用需求者、科技型企业、创新创业团队创造实地考察了解高校仪器资源，与学科带头人、技术专家直面交流的机会，为产学研互动搭建沟通平台，进而促进大型仪器共享工作[2]。

3 小结

高校大型仪器设备使用和管理是高校日常管理中的一项重要工作，大型仪器设备的开放共享是整合优化高校资源配置的需要，良好的大型仪器设备使用和管理能够发挥其最大的使用效率，更好地为高校的教学、科研服务。

参考文献：

[1] 王会文. 高校大型仪器设备利用率的研究与探讨：以农业分析示范中心为例 [J]. 信息记录材料，2017，18（6）：181-182.

[2] 姜鸣，黄夏斐，陈晨，等. 高校大型仪器设备利用率和共享水平如何提升？[J]. 华东科技，2021：59-63.

［3］狄良川．西部高校大型仪器设备共享平台的构建与探讨［J］.中国教育技术装备，2010，8（24）：3-5.

［4］崔江慧，刘会玲，刘树庆.高校大型仪器设备管理的实践与探索［J］.实验室研究与探索，2011，10（30）：198-200.

［5］王会文，肖俊生，边蕊.加强高校仪器设备管理，提高仪器设备利用率［J］.实验室科学，2015，1（18）：196-198.

新会计制度下高校固定资产管理研究

余晓濛

（北京农学院人事处，北京，102206）

摘要：固定资产是高校发展重要的物质保障，也是高校生存的基础和进步的基石。伴随着我国经济不断发展和科技产业的飞速进步，政府对高校等事业单位固定资产的投入也在逐步增加。不断提升和创新高校固定资产管理方法，是未来高校面临的难题和挑战，也是对高校资产管理转型、顺应时代发展提出的更高的要求。

关键词：新会计制度；固定资产管理；高校；会计学

2017年10月，财政部发布通知：为了适应权责发生制政府综合财务报告制度改革需要，规范行政事业单位会计核算，提高会计信息质量，自2019年1月1日起执行《政府会计制度——行政事业单位会计科目和报表》（以下简称"新会计制度"）。"新会计制度"的执行，对高校等行政事业单位的会计核算、财务管理等带来了一系列改变，也对高校固定资产的管理与核算产生重要影响。因此，在"新会计制度"背景下，如何有效地提升高校事业单位固定资产的核算管理效率与管理质量，是我们需要解决的问题。

1 新制度下的老问题

1.1 原制度的不完善

1.1.1 折旧计提滞后

"新会计制度"出台以前，高校按照《高等学校会计制度》[1-2]执行程序，固定资产以收付实现制为基础来进行相应的核算，这种核算办法在计提固定资产折旧时多记为借"非流动资产基金——固定资产"，贷"累计折旧"，这种折旧方法实为"虚折旧"，一是不对应具体的成本费用，二是对当下的支出不产生影响。其次就是在这种核算方法下，忽略折旧入账，不计提折旧，这两种情况均容易导致固定资产价值虚增和账实不符的问题。

1. 1. 2　固定资产分类复杂

财政部颁布的《事业单位财务规则》[3-4]中规定固定资产一般分为六大类：房屋及构筑物，专用设备，通用设备，文物和陈列品，图书、档案，家具、用具、装具及动植物。按照教育部颁布的《高等学校固定资产分类及编码》[5] 固定资产一般分为十六大类，在此不再赘述。高校在进行固定资产管理时，一般是按照教育部规定，在"十六大类"的基础上进一步分类，从而实现对其的记录和管理。但财务部门在报表时，多按财政部的办法，即"六大类"上报记录。在整合数据时，两者之间的转换较为烦琐，唯一而准确的对应难以实现，从而引发计提不准确、计提重复、计提遗漏等一系列问题。

1.2　高校管理面临的挑战

1. 2. 1　固定资产数量大、项目多

高校的三大职能是培养人才、发展科技、服务社会，与三大职能相对应的工作是教学与教育、科学研究、多种形式的社会工作等。固定资产是高校日常教学、科学研究、教辅活动、行政办公、社会活动等方面正常运转的基石。不同的教学活动、科研项目、办公内容，对应的固定资产也有诸多不同，加上近来国家对教育的重视，对高校各类资产的投入、扶持不断加大。固定资产数量大、内容多、品类繁杂的特点日益凸显。以农学院为例，科技发展日新月异，科研过程中用到的各种实验仪器等专用工具也要随之升级，资产的更新购置必然频繁；同时，图书、文体用品等也要紧跟社会脚步。因此，高校自身特点导致了其固定资产数量大、类别多、难统计。

1. 2. 2　资金来源、使用的多样性

高校购置固定资产的资金多为财政拨款，除此之外还有种类繁多的其他资金来源，其中很大一部分比例来自科研资金，其中包括国家自然科学基金、国家社会科学基金、教育部、科技部、省社会科学基金、省自然科学基金、各类研究所、各类协会、企业资助等[6]，由此可见高校固定资产购置资金的多样性。相对应的，资金在固定资产使用上也具有较强的灵活性，同样以农学院教师为例，教师们在进行科研项目时，研究时间、研究空间都具备较强的不确定性，他们可以在学校的实验室进行研究，也可以在温室进行研究，田间、家中或其他适宜的场地都是他们研究的场所。除此之外，不同仪器、设备可以交换、借用，专用的大型仪器设备可以付费租用。固定资产的灵活使用保证了高校科研项目的顺利进行和完成，同时也给高校固定资产的管理工作带来巨大挑战。

1. 2. 3　管理理念相对落后

当前我国教育事业不断发展，伴随着教育、科技、文化等新兴产业的相互

融合，对高校在人才培养、科研水平等方面提出了更高的要求。因此许多高校都是"重教学、重科研"，在对固定资产的重视程度和管理规范上相对缺乏。

1.2.4　信息化建设水平待提高

随着我国信息技术水平的不断提升，高校在实际进行管理工作的过程中，融入了信息技术，并且在固定资产管理方面也逐渐实现了信息化建设。根据笔者简单调研，虽然目前高校在管理方面信息技术引用程度高，但是在固定资产管理等细节方面应用尚浅。部分将固定资产管理纳入信息化管理的高校，也只是停留在统计、盘点的层面。且大多单位财务部门和管理部门的系统是分开的，不能共享数据，不能及时对固定资产的采购、入库、出库、使用和报废等情况进行跟踪和监督。

2　新制度下的新变化

2.1　定义的更新

2013 年 12 月财政部颁发的《高等学校会计制度》将固定资产定义为："固定资产是指高等学校持有的使用期限超过 1 年（不含 1 年）、单位价值在规定标准以上，并在使用过程中基本保持原有物质形态的资产。单位价值虽未达到规定标准，但使用期限超过 1 年（不含 1 年）的大批同类物资，作为固定资产核算和管理。"而"新会计制度"中，固定资产的定义为："政府会计主体为满足自身开展业务活动或其他活动需要而控制的使用年限超过 1 年（不含 1年），单位价值在规定标准以上，并在使用过程中基本保持原有物质形态的资产，一般包括房屋及建筑物、专用设备、通用设备等。"两定义一对比，不难发现，新制度将"高等学校持有的使用……"改为"政府会计主体为满足自身开展业务活动……而控制的"这一变化明确了固定资产的确认范围，也明确了会计主体的相应权利，也就是说，只要有固定资产的所有权或者实际控制权，无论钱款是否已经支付，该资产都必须入账。

2.2　方法的更新

2.2.1　核算办法

"新会计制度"下，固定资产的价值核算方式采取"二次价值确认"的办法，也就是说首次核算是根据市场经济价值来进行评估，第二次核算则是根据固有资产购置之后的价值进行评估。若两次核算一致，则可根据所需要购置固有资产的市场价值入账；若差额较大，则需要根据所购置固有资产的实际市场购买价进行入账。新制度下高校对固有资产的价值核算方式灵活性增强，可以根据市场的变化进行估值调整。

2.2.2　账务处理办法

"新会计制度"下，采用"平行记账"的方式来进行账务的处理，以权责发生制为基础[7]，对于已经纳入部门预算管理的业务，在账务处理时要求财务会计核算和预算会计核算同时进行，对于其他业务，只需进行财务会计核算即可。

2.2.3　折旧计提办法

《政府会计准则第 3 号——固定资产》规定，应对除文物和陈列品、图书、档案、动植物、单独计价入账的土地以及以名义金额计量以外的固定资产计提折旧，且计提折旧应当按月来计算，并根据用途计入当期费用[8]。对符合条件的固定资产进行计提折旧，并根据其用途将折旧额计入相应的费用，按月对相应的固定资产进行折旧[9]。新会计制度下，提交的折旧是更加实际可估的"实提"折旧，它可以更加直观和准确地反映当期固定资产的实际价值，使相关成本核算估值更准确。

2.3　管理的升级

"新会计制度"逐步推行和实施后，高校固定资产的管理范围设置更加规范合理。根据新制度的要求，不断扩大对固定资产的管理范围和相关工作范围，进一步明确相关岗位的管控职责，进一步优化固定资产管理工作。除此之外，伴随着"新会计制度"实施的不断深化，相关人员的管控意识也在不断加强，这对于提升资产利用率、减少资源浪费是十分有帮助的。

3　新制度下的新想法

3.1　增强管理意识，提高管理水平

提高固定资产管理意识是完善固定资产管理的首要步骤，重视管理，才能形成各部门共同参与固定资产管理的机制。首先是建立健全固定资产管理制度。高校应根据有关法律法规，结合学校实际情况，健全固定资产管理制度体系，分解管理任务，落实管理责任。其次加强业务培训，提高管理能力。对现有的管理人员进行专业培训，也可以邀请其他高校有经验的管理人员到学校进行业务指导，加强交流学习。

3.2　完善管理模式和管理体系

高校固定资产的管理、验收、处理等工作，往往涉及多个部门。优化管理流程和管理制度、明确固定资产入账和折旧的标准对于提高管理效率、规范管理流程有重要意义。

3.3　加强固定资产管理信息化建设

新会计制度下，固定资产的管理和优质的信息化平台是分不开的。积极利用先进的信息化技术手段，不仅可以提高固有资产核算与管理工作的准确性、效率性，还可以借此实现对固有资产购置、使用和日常管理等各环节的信息化管理系统建设。

随着"新会计制度"的不断推行，高校等事业单位在固定资产的核算工作上发生了一系列变化。未来发展中，高校要紧跟步伐，充分认识固定资产核算管理工作新的发展要求，把握发展和改革机遇，优化和创新各事业单位固定资产管理工作的开展策略，提升其固定资产核算与管理质量。

参考文献：

[1] 财政部. 政府会计制度——行政事业单位会计科目和报表 [M]. 北京：中国财政经济出版社，2017.

[2] 财政部. 政府会计制度——行政事业单位会计科目和报表 [M]. 北京：中国财政经济出版社，2017.

[3] 政府会计制度编审委员会. 政府会计制度——详解与实务 [M]. 北京：人民邮电出版社，2018.

[4] 财政部. 事业单位财务规划 [Z]. 令〔2012〕68 号.

[5] 教育部. 高等学校固定资产及编码 [Z]. 教高函〔2019〕2 号.

[6] 赵正国. 产业技术创新战略联盟研究述评——基于 2007 至 2014 年基金资助项目和研究生学位论文的分析 [J]. 技术与创新管理，2017（3）：256-261.

[7] 谢岗，新政府会计制度下财务会计和预算会计记账差异的应用探讨 [J]. 财经界，2019（25）：161-163.

[8] 财政部. 政府会计准则第 3 号——固定资产 [Z]. 2017.

[9] 李伟铭. 新制度下行政事业单位固定资产计提折旧的相关问题研究 [J]. 中国集体经济，2018（9）：118-119.

高等学校教学科研用房有偿使用
管理模式的探索

李钧涛

（北京农学院国有资产管理处，北京，102206）

摘要： 随着高等学校办学和科研事业的迅猛发展，校园内各类新建教学科研用房日益增加，但由于使用效率低下，导致供求关系的矛盾依然突出。为了更好地优化房产资源配置，提高房产利用效率，在客观了解现状的基础上提出合理有效的管理手段是解决问题的关键。有偿使用管理模式旨在利用时机推进学校教学科研用房管理制度建设，细化有偿使用标准，落实房产分类管理政策等，从而解决高校教学科研房产资源利用不充分的问题。

关键词： 教学科研用房；有偿使用；管理

房产资源是高校国有资产的重要组成部分，是高校教学科研、人才培养、社会服务、行政办公、后勤保障等各方面不可替代的重要资源保障。高等学校的房产资源系指房屋无论其建设经费来源及所处地域如何，管理权、处置权属对应高校的各类公用房及其附属配套建筑。目前，多数高校仍然延续着"按需分配，无偿使用"的传统管理模式，弊端诸多，而教学科研用房问题尤为突出，导致很多高校出现"房子越建越多，缺口却越来越大"的现象。

1 高校教学科研用房的管理现状

教学科研用房是指学校各学院（部）和独立建制的科研机构（以下简称"各二级单位"）开展教学科研活动的用房，包括专业课、专业基础课、公共基础课所需的各种实验室、实验附属用房、计算机房、语音室、实验实训用房、学生科技创新用房、学校科研机构用房、科研人员科研工作用房[1]。它是高校房产资源的核心部分，是促进高校快速可持续发展的重要物质资源保障，在一定程度上决定了高校在培养高素质专门人才和科技创新拔尖人才，以及科研成果转化和服务社会等方面的高度和水平。

1.1 教学科研房产资源基础数据调查难度大

部分高校长期未进行房产资源的彻底清查，或清查流程没有明确统一的标准，导致学校对于各类房产资源利用情况不甚明了。目前，由于上级主管单位对于各高校国有资产管理的重视，陆续出台了各种管理和监督的法规办法，房产资源作为国有资产重要组成部分需由高校定时上报各类房屋使用数据，这也促进了高校对于房产资源加强行政管理和定期开展数据统计。而多数高校虽然定期进行房产资源清查，但对于行政办公类房产资源清查的重视程度明显高于教育科研用房。此外，高校教学科研用房数量较为庞大，情况更为复杂，各二级单位间以及各学科专业团队在教学、科研、行政等方面的用房存在重叠使用的情况，且随着实际情况的调整而经常发生变化，使得基础数据调查难度增加和实时数据更新滞后。再者，各二级单位为了获取更多房产资源，在基础数据调查和利用情况说明时，不能客观准确上报需求和现状，也给房产资源基础数据的调查工作增加了难度。

1.2 分配方式不合理，管理模式相对滞后

多数高校历史较为久远，在自身发展过程中，已经形成了房产资源的配置现状，基本是由各二级单位提出使用需求，学校根据实际情况无偿分配给各单位使用。这种情况下，学校的教学科研用房一旦分到各二级单位基本会被长期无偿占有，缺乏动态监督，即使高校在紧急情况下需要使用房产资源时，各单位占有的用房也很难腾退出供高校调度使用。随着高校内涵建设和学科发展，高校相应专业和学科也会随之进行合并、拆分、增设和取消，科研教学用房配置虽然有一定的标准依据，但在实际运作过程中，各二级单位基本会要求保留或增加现有教学科研用房面积，按照标准需要缩减的二级单位往往以各种理由或困难不愿意调整，这样往往造成现有教学科研用房资源利用不够充分和高校用房紧张的状况，也阻碍了高校的发展。

1.3 制度建设不健全，有偿使用推行难

随着时代的变迁和高等教育的发展，部分高校在教学科研用房资源的配置和管理方面探索不足，未形成有效的经验积累，也未建立有效而全面的规章制度，致使当前的管理模式和制度建设未跟上时代发展的步伐，造成高校教学科研用房使用不规范，未建立起有效的政策依据和配置标准，使得教学科研用房资源紧缺和使用效益低下的现象并存。尤其是科研类用房，一旦被占用基本变成"终身制"，等到实验结束或项目结题，仍然被以实验室的名义占据，即使

高校出台了相关管理制度和有偿使用标准，也很难收取费用，致使有偿使用制度的具体实施难度大，沦为摆设。

2 高校教学科研用房难点问题解决

2.1 全面盘查，摸清底数

高校结合上级单位房产资源数据上报工作，以国有资产管理处为牵头单位，联合教务、科研、研究生管理等相关部门，定期或不定期对各二级单位的教学科研用房情况展开全面调查，采取各二级单位自查、学校牵头与联合部门复核相结合的方式，保障基础数据的准确性。各二级单位必须对现有教学科研用房情况进行全面梳理，每一间房屋的面积、用途和使用人等详细信息逐一核对和登记，建立台账填报数据，并记录房间使用过程中出现的问题以及建议。国资处联合其他相关部门仔细核查各二级单位提交的教学科研用房数据报表，发现问题及时与各二级学院校对纠正，并组成专班工作小组对所有房间进行实地逐一核查，最终汇总形成准确有效的教学科研用房数据报表。

高校可以依托信息化手段，建立教学科研用房管理平台，及时将房产资源信息导入系统，实时补充和更新房产资源数据，并将各二级单位的负责人纳入平台管理体系，提高其管理意识，保证信息变化及时上报，以达到全校范围内实施有效监控和动态管理的效果。

2.2 建立制度，合理分配

高校资源紧张和资源浪费现象严重并存，提高学校房产资源的使用效益一直是资产管理面临现实问题，特别是教学科研用房的使用率需要转变"惟我所有"仅小部门所用的观念，树立"分类管理，定额配置，动态调整，共享开放"的新理念。但高校仅仅停留在呼吁宣传的阶段是无法有效提高教学科研用房的使用效益的，那么，出台切实有效的一系列规章管理制度，加强房产资源的规范管理，优化房产资源的合理配置，业已成为高校势在必行的工作。房产资源相关的分配制度、管理制度、有偿使用制度的出台应广泛征求各二级单位的意见和建议，以达到各类制度相辅相成、逻辑连贯的效果，避免出现相互抵触、自相矛盾的状况。

高校教学科研用房涵盖了公共教室、公共实验室用房、学校科研机构用房、科研项目独立用房及特殊补贴用房等多种情况，比较复杂，应按照有关标准分类配置，实施动态管理[2]。

公共教室用房面积应在学校层面，按照学校类别、学科类别及学生规模等因素为参数，根据《普通高等学校建筑面积指标》（建标［191—2018］32号）

要求，结合学校教学任务需求配置。

各二级单位的实验实习用房面积应根据学科规模和学科类别，按照《普通高等学校建筑面积指标》（建标［191—2018］32号）核算相应定额面积，具体见表2-1。

表2-1　按学科分的实验实习用房建筑面积指标

单位：m^2/生

学科	学科规模								研究生补助指标	
	500	1 000	2 000	3 000	4 000	5 000	10 000 (8 000)	15 000	硕士生	博士生
工学	12.93	11.05	9.53	8.77	8.27	7.93	7.26	7.15	6.00	8.00
理、农（林）、医学	12.90	10.91	9.31	8.53	8.01	7.66	6.98	6.87	6.00	8.00
文学	2.43	1.39	0.98	0.88	0.83	0.80	0.77	0.76	4.00	6.00
外语、经济、法学、管理学	2.94	2.32	1.88	1.72	1.62	1.53	1.26	1.10	4.00	6.00
艺术	15.02	12.64	10.60	9.27	8.37	7.77	(6.91)	—	6.00	6.00
师范艺术、艺术设计	12.32	9.78	7.61	6.64	6.20	6.00	—	—	4.00	6.00
体育	1.98	1.72	1.58	1.48	1.39	1.32	(1.14)		4.00	6.00

注：括号内的数字为8 000人指标。

科研机构用房可按照国家级、省部级、文理科等多种参考因素制定明确的面积标准；科研项目独立用房可以根据实际情况会同相关部门由学校确定用房面积，项目结束立即收回；特殊补贴用房应按照补贴类型分别制定明确的补贴面积标准[3]。

2.3　有偿使用，加强管理

为强化对教学科研用房的管理力度，提高房屋的使用效益，高校可成立学校房产管理领导小组，由校领导或分管校领导担任组长，其他校领导担任副组长，而分管教务、科研、研究生、后勤等相关职能部门的负责人作为小组成员，领导全校范围内的教学科研用房管理和监督，并适时推出"定额配置、有偿使用"的政策。

为保障基本教学需要，用于满足教学课程要求的基础教学实验室，按院（部）学科规模、学科门类核定总量配置指标，定额内免交房产资源使用费，超额面积收取房产资源占用调节费[4-5]。

科研项目用房按项目管理，由院（部）等根据科研需求和项目性质向科研处和国资处申请项目用房，国资处负责根据学校房源情况、项目内容及周期等配置房产资源，收取房产资源使用费。

国家级、省部级重点实验室等学校科研机构用房按照学校规划配置，其中科研用房单独计算并进行收费动态管理，大型仪器设备占用房间可单独计算分配，免收房产资源使用费。

教学科研用房有偿使用管理模式具体实施难度较大，一是要根据学校已经制定的实施细则，进一步准确了解各学院用房情况，进而整理出相应教学科研用房和超额用房的情况，为房产资源的有偿使用提供数据和理论根据。二是要协同教务处、科研处等相关职能部门根据教学科研的内容提出用房收费的具体时段。三是可试行将房屋定额使用经费虚拟分配到各单位，超标的按超标金额核减部门经费。

同时，高校要对教学科研用房有偿使用的管理模式做好宣传工作，进行政策解读和宣讲，让各二级单位逐步接受，以夯实新政策顺利实施的基础，逐步推进有偿使用管理模式的进程[1]。

3 结束语

高等学校教学科研用房有偿使用的管理模式需要不断探索、不断优化、不断创新，还需要引入信息化手段和绩效考核机制等，最终目的是为了提高房产资源的有效利用率，缓解教学科研用房需求和供给之间的矛盾，继而提升高校整体管理水平，提高学校竞争能力，为高校的快速可持续发展保驾护航。

参考文献：

[1] 王晖. 高校教学科研用房管理的探索与实践 [J]. 产业创新研究，2020（11）：136-138.

[2] 郭璨，范旭东，方文晖. 浅析高校公用房定额配置指标体系设置——以《南京大学公用房管理实施细则》为例 [J]. 高校后勤研究，2019（8）：41-46.

[3] 陈洪霞，刘朋，潘新法，等. 高校教学科研用房现状及管理对策 [J]. 实验室研究与探索，2016，35（11）：251-253.

[4] 李俊华，刘祥港，裴晓燕. 基于有偿使用制度下高校公用房优化资源配置的研究 [J]. 中国房地产业，2019（8）：286.

[5] 陈浪城，陈天欢. 高校科研实验室用房有偿使用难点及策略研究 [J]. 实验技术与管理，2014，31（12）：261-263.

"教育、科技、人才"三位一体战略下
高校固定资产管理研究

王士国

（中国地质大学财务处，北京，100083）

摘要： 随着高等教育投入加大，固定资产在学校资产中占比越来越高。文中分析了近五年北京"双一流"建设高校科学仪器设备类固定资产值的变化趋势，并分析固定资产管理的政策依据，提出高校财务部门应以最新的经济政策为指导，积极运用会计改革与发展的新成果，创新固定资产管理理念，严格成本核算与绩效考核。在当下"教育、科技、人才"三位一体战略下，高校应科学合理管理科学仪器设备类资产，更好服务教育、科技、人才高质量发展。

关键词： 高校固定资产；成本核算；新会计制度

科学仪器设备类资产，对于科技创新、教学育人有着至关重要的工具性作用[1-3]，但同时也存在着采购与安全风险[4-5]。随着高校实验室开放程度不断扩大[6]，在当下"教育、科技、人才"三位一体战略下，高校要以最新的经济政策为指导，严格成本核算与绩效考核，真实反映其固定资产价值，科学合理管理科学仪器设备类资产，更好服务教育、科技、人才高质量发展。

1 固定资产体量现状

随着高等教育投入加大，固定资产在学校资产中占比越来越高。以北京"双一流"建设高校仪器设备类资产变化为例，近五年，北京"双一流"建设高校的固定资产总值、科学仪器设备总值均呈现出显著增长趋势（图1-1）。2021年比2017年增长了36.4%。仪器总值/固定资产得出的系数为北京高校科学仪器占比的基本情况，近五年平均值为0.367，说明科学仪器设备在高校的固定资产占比中较低，而非科学仪器设备类资产则占比较多（表1-1）。从校均教学科研仪器设备值看，不同类型高校存在较大差距。2021年，世界一流大学建设高校平均教学科研仪器设备值达到了 37.9 亿元，是一流学科建设高校的 3.8 倍，是其他普通高校的 13.1 倍，体现出"双一流"建设高校在教学科研仪器设备配置上的优势。

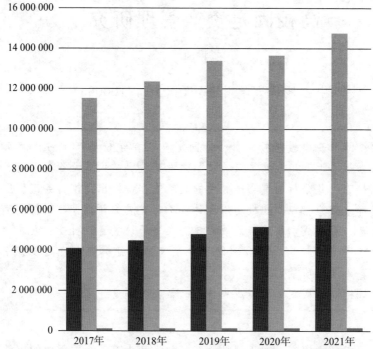

图 1-1　近五年北京"双一流"建设高校仪器设备值趋势图

表 1-1　北京"双一流"建设高校科学仪器设备值统计表（万元）

序号	类别	2017 年	2018 年	2019 年	2020 年	2021 年
1	教学科研仪器设备总值	4 098 071.53	4 482 570.95	4 800 321.97	5 161 835.1	5 589 775.71
2	非教学科研仪器设备总值	7 434 450.67	7 878 513.82	8 584 869.23	8 494 990.3	9 171 506.9
3	固定资产总值	11 532 522.2	12 361 084.77	13 385 191.2	13 656 825.4	14 761 282.61
4	仪器总值/固定资产比值	0.355	0.363	0.359	0.378	0.379
5	世界一流大学建设高校校均教学科研仪器设备值	120 531.516	131 840.322	141 185.94	151 818.679	164 405.168

数据来源：《科学仪器设备配置学—人工智能时代的界面管理》，王士国，2023 年，北京大学出版社。

2　固定资产管理依据

从 1997 年 6 月 23 日颁布《高等学校财务制度》起，高校严格按照教育部的有关规定对固定资产进行管理，此后先后修订两次，2022 年版更是吸收了近些年高校会计改革和发展的新成果，对于资产管理内容进行了创新（表 2-1）。2017 年，《政府会计准则第 3 号——固定资产》中明确了固定资产的概念、范围与计提折旧方法。文物和陈列品、动植物、图书及档案、单独计价入账的土地和以名义金额计量的固定资产不用计提折旧。以科学仪器设备为例（表 2-2），如实反映仪器类资产的真实价值，需要对资产选定合适的折旧方法、理清资产分类、全面掌握资产信息，按照相关性、重要性等原则科学合理地将成本准确分摊到各专业、各层级（本、硕、博）学生的培养成本中[7-9]。

按照费用计入成本核算对象方式的不同，分为直接费用和间接费用。直接费用是指能确定由某一成本核算对象负担的费用，固定资产折旧费可以直接计入成本核算对象的费用，是高等学校业务活动的成本项目之一。根据教育部《部门预算项目管理办法（征求意见稿）》规定，预算项目根据支出性质和用途，分为人员类项目、运转类项目和特定目标类项目。其中运转类项目是指用于保障机构运转、完成日常工作、运行维护大型设施设备。

表 2-1　财务制度与固定资产变迁表

序号	时间	颁布内容	政策意义
1	1997 年	《高等学校财务制度》	规范了高校固定资产管理
2	2013 年	《高等学校财务制度》，根据财政部令第 68 号令和国家有关法律制度，结合高等学校特点制定	2022 年 1 月 7 日，财政部出台《事业单位财务规则》财政部令第 108 号，废止了 68 号令
3	2017 年	《政府会计准则第 3 号——固定资产》	明确了固定资产的概念、范围与计提折旧方法
4	2019 年	政府会计制度改革	通过核算资产的增量与存量，落实国有资产管理制度，防止国有资产流失
5	2022 年	《事业单位会计制度》	为编制《高等学校财务制度》提供依据
6	2022 年	《事业单位成本核算具体指引—高等学校》	新发展阶段高校固定资产成本核算的主要依据
7	2022 年	《高等学校财务制度》	新发展阶段高校财务制度的主要依据
8	2023 年	《部门预算项目管理办法（征求意见稿）》	规定了运转类项目的具体内容

表 2-2 科学仪器设备类固定资产使用指标勾稽关系表

项目	自用	外用	闲置
费用标准	自用费用标准＝（固定资产原始价值＋维修保养费用）÷固定资产有效使用时间	外用费用标准＝（固定资产原始价值＋维修保养费用＋适当加成利润）÷固定资产有效使用时间或者＝自用费用标准×（1＋利润率）	
使用率	固定资产自用率＝（固定资产有效使用时间÷自用时间）×100%	固定资产外用率＝（固定资产有效使用时间÷对外使用时间）×100%	固定资产闲置率＝1－固定资产自用率－固定资产外用率＝（固定资产有效使用时间÷闲置时间）×100%
有效使用时间	固定资产有效使用时间＝（资产寿命天数－维修保养天数）×24小时/天		
设备论证立项	自用率≥80%的项目给予充分支持	对自用率≤20%且外用率≤50%的项目原则上不予批准	固定资产的闲置率≤10%
勾稽关系	固定资产使用率＝自用率＋外用率		

3 提升科学仪器设备类固定资产管理效益的途径

多年来，科学仪器设备类固定资产在使用过程中，利用指标形成了较为稳定的勾稽关系（表2-2）。按照"教育、科技、人才"三位一体战略指导，高校要在教育过程中实现科技与人才资源的统筹配置，就要通过改革打破以往的资源壁垒[10,11]。具体来讲，高校财务、设备管理部门应加强科学仪器设备固定资产的效益利用，将分散的仪器设备类资产进行集聚，最大化发挥资源集聚效应，加大开放共享力度。通过成本核算[12]，对仪器设备的收益进行分级分类。对于自用率、外用率及补偿率均高的仪器设备，应当加大激励措施。

科学仪器设备类固定资产的管理，应以服务高校经济活动，提升高质量发展为核心，以最新的经济政策为指导，积极运用会计改革与发展的新成果。创新固定资产管理理念，促进流动性。高校科学仪器设备类固定资产存量规模比较大，高校应向存量要效益，向新增的资产要责任和效益。严格成本核算与绩效考核，将成本进行科学归集与分摊，通过计入各部门的成本进行绩效考核。

参考文献：

[1] 王士国.高校科研仪器设备全生命周期成本核算［J］.实验室研究与探索，2022，41 (8)：304-309.

[2] 李斌，廖镇.国内外大型实验室经费问题现状分析［J］.科技与管理，2009，11（2）：33-35.

[3] 王春安，危紫翼，杨茜，等.国外先进实验室人员配置与经费情况对我国实验室建设运行的启示［J］.实验技术与管理，2021，38（12）：243-248.

[4] 赵雨宵，翟宇，王士国，等.实验室安全第三方机构管理体系研究［J］.实验技术与管理，2022，39（2）：234-238.

[5] Shiguo Wang, Haile Liu, Qiurui Sun, et al., Cryptogovernance for security supervision in the Internet of Things ［J］. Procedia Computer Science，2022（202）：260-268.

[6] 王士国，卢凡，王杰，等.新冠疫情视角下高校化学化工实验室环境管理实践［J］.实验室研究与探索，2021，40（8）：308-312.

[7] 刘雨欣.全生命周期成本研究：文献综述与展望［J］.现代营销（学苑版），2021，144-145.

[8] 易琳.独立医学实验室成本控制思考［J］.合作经济与科技，2015：6：104-105.

[9] 俞虹成，王幗娟，杨雪，等.基于作业成本法的高校科研项目成本核算探讨［J］.会计研究，2020：12：76-77.

[10] 王士国.世界一流大学高地建设视角下高校实验室管理综合改革研究［J］.实验技术与管理，2021，38（12）：249-254.

[11] 王士国.科学仪器设备配置学：人工智能时代的界面管理［M］.北京：北京大学出版社，2023.

[12] 王冬.高校实验室成本管理研究［J］.实验技术与管理，2018，35（8）：246-249.

高校公共平台实验室管理模式的探索与实践

杨爱珍　魏朝俊　严　滕

（北京农学院，农业农村部华北都市农业重点实验室，北京，102206）

摘要： 高校公共平台实验室建设管理的水平直接影响科研的产出率。以农业农村部华北都市农业重点实验室建设为例，提出3点实践建议：1) 建立信息化管理平台，大型仪器面向全社会开放，客户端可以随时预约，提升仪器的使用率；2) 完善实验室管理队伍，选用专业的技术管理老师和责任心强的平台管理老师加入平台管理队伍中，保证对外科研服务正常运转；3) 健全实验室运行管理制度，实验室管理队伍分工明确，各司其职，贯彻有偿服务制度，保障实验室高效长久运行。同时，对实验室目前存在的问题进行分析，展望在实验室建设发展中，要加强实验员技能的提升和仪器的及时更新，更好地提升科研服务能力，为原创性成果保驾护航。

关键词： 实验室；管理模式；实践建议

高校实验室是创新性科研成果的发源地，在培养学生动手能力，创新能力和思考能力等方面具有重要的作用。拥有较多大型仪器的公共平台是开展高水平科学研究和人才培养的战略资源[1]，在激发学生的探索能力、拓展学生的思维能力，提升学生的钻研精神等方面至关重要。

"十三五"期间，农业农村部华北都市农业重点实验室获得农业部实验室建设专项经费的支持，极大地提升了本实验室的科研条件，弥补了在分子检测水平和化合物分析水平的严重不足，为提升师生的科研水平奠定了坚实的基础。利用现有的人力资源，加强科学管理，提升仪器使用率，提升科研服务水平，显得尤为重要。

1　实验室大型仪器设备开放共享管理的主要成效

1.1　建立信息化管理平台

目前，网络信息化的发展，为大型设备的开放共享提供了良好的基础[2]，应用信息化管理模式已成为现代不可替代的手段。北京农学院所有大型仪器的相关信息统一纳入学校国资处建立的大仪共享平台，面向全社会开放，大家可以查到所有大型仪器设备的名称、功能介绍、使用范围、管理人及联系方式。要想预约使用，必须提前跟平台管理员联系，由管理员统一给使用人建立账号后，方可预约使用，这样管理员提前掌握了有谁想使用这些仪器的信息，在后期审批通过后做到心中有数。

在此大型仪器共享平台管理系统中，对于校内师生来说，要登录预约平台，其账号与登录学校站内信息平台的账号是一致的，这样便于师生快捷便利地登录大型仪器预约系统，找到需要预约的仪器，录入检测的样品数，直接可以查看需要的经费，或者与平台管理员联系，咨询价格等相关事宜。设备管理员可以一目了然的在第一时间掌握仪器预约情况，及时跟进设备的完好性，保证使用时零错误。

同时，通过建立大型仪器公共平台信息系统，校内外科研人员都能随时查阅相关仪器信息，提升开放共享水平和效益。因此，建立和完善大型仪器网络预约系统是推动大型仪器开放共享的重要途径[3]。

1.2　组建专业的大仪管理团队

1.2.1　大型仪器技术管理团队建设

大型仪器都是高级精密仪器，具有价值昂贵、操作复杂、数据分析难等特点。由此，负责大型仪器操作的技术老师既需要掌握各个配件的原理和性能，又需要熟悉操作步骤，读懂仪器反馈信息，及时调整仪器参数。另外，更重要的是会分析实验结果，分析问题所在，及时解决问题。所以，管理大型仪器的技术老师特别是液质、气质等色谱类仪器，必须由专业能力强、经验丰富的老师担任[4]。

农业农村部华北都市农业重点实验室在 2008 年成立，建立之初，实验室大型仪器较少，直到 2019 年新购置的仪器都投入正常使用后，在北京农学院领导的统筹规划下，将实验中心部分实验员老师加入整个大仪技术管理团队中，及时弥补了专业技术人员的严重不足。

1.2.2　大型仪器平台管理团队建设

都市实验室公共平台大都是大型仪器，每台都需录入仪器相关信息，同时根据科研老师使用仪器需求随时给他们建立账号，便于预约使用；随时掌握每台仪器使用情况，例如，液质、气质、核磁等仪器一旦需要添加液氦或者液氮等，都必须提前几天让供货商及时补充这些消耗气体，还有实验室日常安全卫生、实验室钥匙使用、财务报账、仪器维修及培训、预约使用时间协调、废液固处理等种种事宜都需要平台管理老师及时落实。

由此可知，大型仪器平台的管理虽然烦琐但很重要，是保证实验室安全高效运转的重要环节。实验室各级领导特别重视队伍建设，积极争取有效人力资源，补充实验室管理队伍的不足。

1.3 建立完善的实验室运行机制

1.3.1 完善实验室管理制度

随着高校大型仪器共享平台的建立，规范的大型仪器共享平台运行管理和服务制度必不可少[5]。农业农村部华北都市农业重点实验室拥有较多台大型仪器，保持高效科学的运行机制显得尤为重要。到目前为止，实验室陆续完善了《大型仪器平台开放共享借用钥匙制度》《大型仪器平台开放共享使用制度》等制度。

1.3.2 科学分工，各司其职

为了弥补实验室技术管理老师的不足，将有限的专业实验员老师加入技术管理队伍中，保障大型仪器专管专用，同时为了不让这些老师影响实验教学准备工作，仅仅仪器的培训和实操等工作由专职技术管理员处理，其余事宜完全由专职的平台管理员解决。因此，建立了《平台管理员和技术管理员的岗位职责》，明确了平台管理员和技术管理员的岗位职责，保障了工作的高效性。

1.3.3 积极落实大型仪器有偿使用制度

为了高效地实现仪器共享，调动大型仪器管理老师的积极性，学校国资处建立了"大型仪器有偿使用制度"，收取的费用部分直接用于管理老师的劳务费。都市实验室严格执行相关规定，由平台管理老师收取的检测费，每月都会按照规定的比例给予技术管理老师劳务费，让他们额外的工作量有所体现，调动老师的积极性[5]，保证整个实验室高效地运转。

实验室积极贯彻和落实科研师生"随时预约，随时使用，随时咨询"的理念，在师生使用仪器期间，技术管理老师全程线上或者线下陪同，有问题可及时沟通反馈。

2 实验室大型仪器设备开放共享存在的问题

2.1 仪器培训的延续性还需加强

大多数仪器的培训都是在新购置安装调试时进行的，后期由于经费的限制基本没有二次培训。但在实际使用仪器过程中，大多数仪器都是在使用一段时间后才能发现问题或者根据不同老师科研的诉求，需要不断发掘仪器的功能，都需要更深入的研究仪器的性能，而原先仅仅会简单的操作是不能满足科研的需求的。检测的结果好坏，更重要的在于待测样品前期处理的效果如何，所以

学会整体分析，需要在后期的培训中不断完善。

　　另外，通过培训，增加交流的机会，也能及时了解新出的现代检测仪器，拓展老师视野，提升业务能力，使得实验技术人员保持常学常新的状态，有助于不断提高实验技术人员的科教水平[6]。

2.2　实验室技术管理团队还需加强

　　目前，实验室所有大型仪器都得到正常运转，但还不够高效，大型科学仪器作为价值大、专业性强的特殊科技资源，其运行维护、共享管理都需要各级管理人员具有专业的管理知识与管理水平[7]，以期提供更专业的服务，但由于技术管理团队专业老师不足，比如，有的实验室近几年加了很多仪器，但并没有相对应的匹配技术管理实验员，目前的这些技术管理老师没有把所有精力都用于仪器的研发和探究上，仅仅是了解常规的仪器使用，不能即时准确地分析实验结果出现的问题所在；有时即使能协助送检师生分析问题所在，但花费时间较长，不能高效指导实验。例如，色谱类仪器，只有投入较多时间认真分析不同类化合物需要什么样的仪器参数，特别是对于含量比较少的化合物，需要精准调试仪器参数和所需的附加条件，才能做出理想的结果；同样地，显微镜类仪器，也需要投入大量的时间调试光亮程度和位置，才能得到满意的结果。由此可见，需要专业和专职的技术团队来维护和探究大型仪器显得尤为重要[5]。

2.3　实验室大型仪器的完善

　　实验室购置的仪器要紧跟学校专业调整和国家社会的需求，特别是《"十四五"全国农业绿色发展规划》颁布实施后，作为全校公共平台仪器建设重要的实验室，增补一些农业绿色发展中所需的生态环境检测和病虫害分析检测仪器，例如，全元素分析仪、离子色谱仪、昆虫触角电位检测等；在规划中也提到，实施农业生产"三品一标"，更需要与时俱进的检测仪器和检测方法，例如，常规的品质分析的仪器等都需要及时补充，满足现代农业标准化的需求。

2.4　实验室日常运行和建设经费的不足

　　目前，实验室大型仪器的维修主要依靠学校国资处的经费，日常运行经费主要依靠学校科技处给予支持，这些经费对于维护实验室的正常运转起到很大作用，但对于提升实验室建设还有较大差距。

　　都市实验室是面对全校开放，涉及的检测样品和数量较多，仪器的损耗或者面临的问题都较多，突发事故也较多。随着科研的需求，需要挖掘仪器的功能也越来越多，更需要不断提升实验员的业务能力，由此邀请仪器工程师或者委派老师外出学习，都需要一定经费的支持[4-5]。

3 实验室大型仪器设备开放共享展望

公共平台实验室的建立，推动了我国科学技术的进步，已成为我国科学技术创新的摇篮，同时也是创新性人才培养的源泉，加强实验室建设[8]，提升师生科研服务水平显得尤为重要。积极引进创新性管理机制，激发实验室老师的工作热情，积极钻研仪器性能，提升科研育人功能，提升科研服务水平，促进原创性成果的产出。

参考文献：

[1] 王文君，胡美琴，付庆玖，等．高校大型仪器设备开放共享的探索与实践［J］．实验技术与管理，2021（38）：231-234，238.

[2] 余晓武，范淑媛．论高校实验室大型仪器设备的开放共享管理—以华中科技大学材料学院公共平台实验室为例［J］．分析仪器，2019（4）：94-97.

[3] 方三华，刘丽，洪晓黎，等．大型仪器共享平台网络预约系统的优化和提升［J］．实验室研究与探索，2021（8）：270-273.

[4] 高红梅，董艳云，王世海．高校大型仪器设备开放共享研究与思考［J］．实验室研究与探索，2020（6）：289-292.

[5] 潘越，农春仕．浅析高校大型仪器共享平台建设中的问题及思考［J］．实验技术与管理，2020（3）：259-261.

[6] 郭毅，张滢滢，沈烈．二级学院大型仪器平台可持续改革实践［J］．实验室研究与探索，2021（7）：279-282.

[7] 赵明，初旭新，祝永卫，等，地方高校大型仪器共享平台建设的探索与实践［J］．实验室研究与探索，2019（8）：256-259.

[8] 秦发兰，张荣德，浅析国家重点实验室在科学技术创新中的地位和作用［J］．实验室研究与探索，2000（6）：3-5.

第三部分

信息技术研究与应用

基于 ARCHIBUS 高校房产资源数字化管理系统建设方案初探

李钧涛

（北京农学院国有资产管理处，北京，102206）

摘要： 随着高校办学和科研事业的迅猛发展，校园内各类用房日益增加，但由于缺乏先进有效的数字化管理手段，往往导致日常管理工作效率低下，房产资源配置缺乏数据依据，领导决策缺乏报表分析的支撑，房产资源的使用效率也缺乏评价标准，由此，亟待借助现代数字化管理手段解决这一系列突出难题。ARCHIBUS 是一款功能强大的空间管理软件，目前仍具有较大市场影响力而被普遍使用，且具备优秀先进的空间管理模式和理念。基于 ARCHIBUS 建立起一套高校房产资源数字化管理系统的建设方案，旨在更好地优化高校房产资源配置，提高利用效率，从而建立合理有效的高校房产资源管理手段。

关键词： ARCHIBUS；房产；管理系统

1 高校房产资源数字化发展需求

国内高校普遍面临的问题是，越来越庞大的不动产、设备、家具资产，越来越高的管理要求，但很多高校仍在使用传统人工方式进行管理。

根据教育部对于资产的分类体系，分为十六大类资产类别。其中，房屋及其构筑物（设施）在高校资产总量中占有非常大的比例。如何变革和完善高校房产管理体系，理顺关系，合理配置房产资源，充分发挥其在教学、科研、学习、服务与经营中的作用；确保学校房产资源的保值与增值，提高房产资产使用效率，建立和谐的校园环境；如何高效地、智慧地管理并使用好学校公用房；如何为校园内工作、学习和生活的教师、学生提供舒适方便的工作学习生活环境；如何充分利用好每平方米的使用空间；如何保护学校国有资产的安全和价值，降低资产生命周期内运行管理成本，是学校领导、学校资产管理部门、使用部门和上级资产监管部门都十分关心的问题[1-4]。

1.1 主要面临的困难

(1) 常常要人工重复计算及确认学校公用房及其相关信息；

(2) 无法快速提交各相关部门对于各种报告的需求；

(3) 状况跟踪困难，对于公用房变化情况、使用变化情况等难以实时记录；

(4) 决策投资预算时缺乏历史数据分析的依据；

(5) 公用房的实际数据可能与账面数据存在差异；

(6) 需要对公用房进行调配时，难以立刻获得准确信息；

(7) 对于出现问题的公用房，难以立刻获得相关信息；

(8) 缺乏统一的公用房空间及设备使用标准，导致资源配置冲突。

1.2 高校也面临着越来越高的管理要求

(1) 来自学校内部的管理要求。

①难以准确摸清公用房家底，缺乏准确更新的数据；

②重复工作，效率低下；

③易配置不合理，内部抱怨；

④难以执行令各方都服气的资源占用标准；

⑤难以有效执行规定及流程；

⑥易造成公用房资产流失；

⑦缺乏支持领导决策的信息分析报表；

⑧缺乏评价标准。

(2) 来自上级监管部门的管理要求。

①加强和完善公用房资产管理；

②要求促进公用房资产的合理配置和有效使用；

③公用房资产情况报表要求；

④科研经费投入使用透明管理要求。

(3) 来自社会各界的管理要求。

①增强校园文化，成为人们心目中的精神殿堂；

②和谐的校园环境。

2 基于 ARCHIBUS 高校房产资源数字化管理总体目标

ARCHIBUS 是美国软件公司于 1982 年推出的空间管理软件产品，风行全球四十年，是市场占有率最大的空间管理软件。同时，ARCHIBUS 也被推广到了中国，不但随着空间管理模式的逐步提升而被客户需要，而且，从这个软件里面也可以学习跨国企业是如何管理空间相关业务的。如果将这一强大的空间管理系统运用到高校房产资源数字化管理系统建设方面，对于高校的房产相关管理方面的发展将起到极大的推进作用[5]。

基于 ARCHIBUS 高校房产资源数字化管理系统应包括公用房管理（教学、科研、行政用房管理、经营性公房管理、后勤保障用房管理、宿舍管理）、家具与仪器设备管理系统（含入库、领用并能动态反映设备使用情况、设备维修与保养、报废、报失等主要功能）、预算及项目管理、经营性资产的租赁管理、基础设施维修管理（地下管网、房屋维修、防雷工作、水电信息动态管理）、实验室管理、土地管理、环境可持续管理、安全管理、可视化系统和数据交换、共享服务系统等[6-7]。

系统是在强大先进的 ARCHIBUS 软件平台基础上开发的，不仅仅具备新的信息技术和功能，同时融入了大量的行业管理智慧、知识和方法论，集成了工商管理、建筑学、工程技术的知识和智慧。以实现快速实施各种开发任务、图形化集成能力、数据挖掘、跨部门数据整合、智能化界面、系统的可持续性等目标。

基于 ARCHIBUS 高校房产资源数字化管理系统的开发宗旨和远景是以保持学校高品质的教学、生活的校园工作场所，提高资产效益、提高资产及工作场所的使用效率、以资产保值增值为目的，并以最新的信息技术对学校生活和工作环境进行有效的规划、整理和维护管理的工作，将物质的工作场所与人和学校的工作任务有机地结合起来，从而支持学校环境可持续性的和谐发展。

3　基于 ARCHIBUS 高校房产资源数字化的管理思想

3.1　全生命周期管理

资产的全生命周期管理不仅仅是资产本身的价值记录，系统的管理理念主要考虑资产的 TCO——整体拥有成本的管理，资产的初次投资成本仅仅是整体拥有成本的一部分，如何在资产的生命周期内降低 TCO 是系统关键目标。

3.2　全方位管理

包括了不动产、设备家具、基础设施、IT 设施、安全设施管理、环境可持续性管理。

3.3　运维及服务管理

将内部维修服务和外部外包服务在同一平台上实现不同侧重的管理。

3.4　空间资产管理

将工作学习场所——空间作为一种资产管理。

基于 ARCHIBUS 平台开发的高校房产管理系统，具备集成图形、数据挖掘能力、商业智能、流程引擎、直观业务发展；通过建立准确的、动态的、共享的、图形化的信息，建立统一的知识库，建立与高校有关的公用房、设施、设备资产全生命周期管理的各种应用，是易于扩展、全方位资产管理统一平台；一个全面集成的系统，避免因各个信息管理系统形成的信息孤岛，降低未来解决信息孤岛所要投入的大量投资的可能性，极大地保护现有投资；系统设计充分考虑各高校在本阶段的管理需求和未来的管理方向，可以弹性选择不同的功能，帮助高校逐步实现公用房管理目标[7]。

4　高校基于 ARCHIBUS 房产资源信息化建设现状

4.1　现有应用系统可采用的产品

项目采用 ARCHIBUS 技术，使用 ARCHIBUS/TIFM V17.1 单用户简易版，主要功能包括：AutoCAD 集成管理、空间管理。项目由相关专业技术公司进行开发和完成。项目目前采用 SYBASE 免费数据库，如果升级 Web 版本（即：多用户版）软件的话需要单独购买 SQL Server 数据库软件及硬件服务器以便数据安全稳定地运行[8]。

4.2　目前主要面临的问题

目前主要面临的问题是数据基础差，学校所有房产资源数据没有很好定义及标准化，数据杂乱需要投入大量人工及经费来建设等。

5　基于 ARCHIBUS 房产资源数字化建设总体技术架构

（1）基于 ARCHIBUS 平台进行高校公用房系统的开发，真正实现与建筑 CAD 图形的集成、与 GIS 图形的集成、Flash 图形技术、数据挖掘、跨部门数据的整合、仪表盘、商业智能、系统的可持续性等目标。

（2）下面为高校公用房管理系统开发平台架构示意图（图 1-1）：

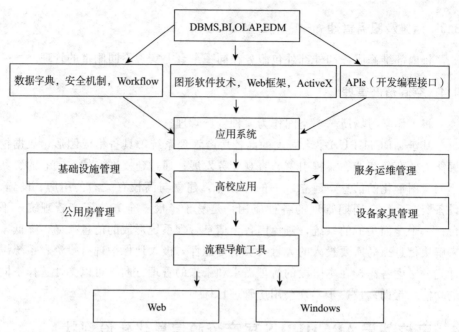

图 1-1　高校公用房管理系统开发平台架构示意图

6　基于 ARCHIBUS 房产资源数字化建设总体规划

（1）它是实现资产全生命周期的、集成的、完整的平台。

（2）建立准确的、动态的、共享的、图形化的信息，建立统一的知识库，建立与高校有关的不动产、设施、设备资产全生命周期管理的各种应用，是易于扩展、全方位资产管理统一平台[9]。

（3）一个全面集成的系统，避免因各个信息管理系统形成的信息孤岛，降低未来解决信息孤岛所要投入的大量投资的可能性，极大地保护现有投资。

（4）选择基于 ARCHIBUS 平台开发的高校公用房管理系统，新一代软件信息技术环境开发的高校公用房管理系统，具备集成图形、数据挖掘能力、商业智能、流程引擎、直观业务发展等功能，系统设计充分考虑各高校在本阶段的管理需求和未来的管理方向，可以弹性选择不同的功能，逐步实现高校公用房管理目标。

（5）分为三个目标。

①公用房管理方面，实现教学、科研、行政办公用房定额动态管理，以达到合理配置各部门房产资源，提高房产资源使用效率，这对提高办学质量，增强学校的办学实力都有重要影响。

②在设备管理方面，记录每一种资产的物质属性和社会属性信息，形成丰富的信息资源，对固定资产实行多维控制，全方位提供实时动态信息，保证在任意时刻提供的资产信息都是真实、准确的。根据需要与使用状态科学配置，提高使用效益，避免投资浪费[10]。通过对资产的追踪管理、责任到人的管理，对于延长资产寿命十分有效。建立正常的清查盘点制度，对固定资产的安全完整情况、管理使用情况定期、不定期进行清点、核实、检查。在准确、更新的信息系统提供的报表及数据基础上，可以对丢失、损毁行为要求经济赔偿和予以行政处分，为建立可执行的奖惩制度提供可能。

③校园导航及基础设施管理，学校、企业的不动产、办公场所、工厂分布。很大的一个或几个园区实现可视化的直观的管理，不仅是十分赏心悦目的使用体验，同时也是高效的使用体验。

参考文献：

[1] 何平. 加强高校房地产管理促进国有资产保值增值 [J]. 经济师，2008 (7)：99.

[2] 安志红. 浅析如何加强高校房地产管理 [J]. 高校后勤研究，2005 (3)：41-42.

[3] 黄艳华，岳维好. 高校公有房管理改革初探 [J]. 湖北经济学院学报（人文社会科学版），2009 (9)：74-75.

[4] 应用信息技术手段实现高校固定资产动态管理 [J]. 行政事业资产与财务，2006 (2)：39-41.

[5] 李明照，张瀛月. 基于 Archibus 物流园区运维管理体系研究 [J]. 智能建筑与智慧城市，2018 (4)：3.

[6] 李世立. 高校房产管理信息化建设探析 [J]. 知识经济，2018 (21)：59-61.

[7] 杜艳超，李明照. 应用 BIM 解决建筑行业信息碎片化研究 [J]. 经济研究导刊，2015 (5)：69-72.

[8] 王文君，刘淑云. 基于 WebGIS 的高校房产管理信息系统的研究 [J]. 科技与创新，2018 (5)：35-38.

[9] 方志祥，黄全义，罗年学. 房地产管理信息系统特征及开发方案浅析 [J]. 测绘通报，2001 (8)：43-44.

[10] 陈文相，林芳. 高校房产管理模式改革探讨 [J]. 实验技术与管理，2012，29 (7)：218-220.

基于 ARCHIBUS 高校房产管理系统的设计与实现

李钧涛

（北京农学院国有资产管理处，北京，102206）

摘要：高校房产的管理是一项复杂的工作，同时也缺乏先进有效的数字化管理手段，目前市面上还没有一套成熟完备的数字化房产管理系统供高校房产管理者使用。本文提出了一种基于 ARCHIBUS 的高校房产管理系统，结合实际给出了系统的总休功能设计和各个子模块的实现方法。该系统充分考虑高校房产管理工作的实际需求，有效结合 CAD 建筑平面图形信息，使得系统操作简便、展示直观，为高校房产管理系统的设计和实现提供辅助支持。

关键词：ARCHIBUS；房产管理；系统

随着我国高等院校的办学规模日益扩大，校园内各类用房日益增多，高校房产管理工作的难度也随之增加。很多高校尝试建设有效的数字化房产管理系统，以期提高日常管理效率、优化房产资源配置，提供决策依据[1]。目前，市面上还未有成熟对口的高校房产管理系统可以供管理者拿来直接使用，有的高校也尝试与科技公司共同开发切实有效的房产管理系统，但多数情况下都面临着巨大的困难。

首先，平台系统的开发是一项非常庞杂的系统工作，不但有技术上的要求，也需要强大的经费支撑才能够进行。这就导致很多高校在房产系统的开发工作上往往半途而废或者虎头蛇尾，开发出来的系统要么烂尾，要么与最初设想大相径庭，功能严重缩水。这种情况下，高校的开发工作往往投入大，收益小，系统最后被弃用。

其次，有些公司推出的高校房产管理系统，功能介绍看似酷炫，但并未充分考虑到实际工作需要，使用效果并不理想，有的功能还不如人工用 Excel 统计来得简单快捷。系统开发者，只重视前期的系统销售环节，对于后期的系统维护和功能更新漠不关心，加之公司人员流动频繁，无法潜心了解高校房产管理工作的专业情况，经常连一些基本的常见报表都不懂，这也给高校房产系统的管理人员带来巨大困扰。

再次，高校房产管理工作也在持续发展，工作要求不断更新，对应的高校房产管理系统也应随之不断加以调整和完善，比如，日益重要的房屋和土地的出租出借管理，三维可视化展示的需求等[2]。但实际情况是，与高校合作的公司自身经营范围比较广，高校市场只是其业务的一小部分，又或者其经营地点发生变更，而终止合作，导致高校处境被动。

因此，高校房产系统的设计和实现涉及诸多因素，目前未有一套成熟对口的管理系统在高校范围内被广泛应用。本文提出的基于 ARCHIBUS 高校房产管理系统是在现有成熟的空间管理平台基础上做出的再设计和再实现，既考虑到经费和时间的成本投入，又考虑到功能实现的可操作性。

关于系统的具体情况，做简要叙述如下。

1　登录界面

首先进入系统界面，进入系统后，管理系统主要功能包含：基础信息管理、日常操作、公房管理三大模块。

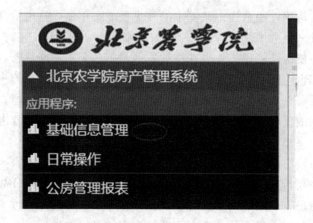

2 基础数据录入

基础数据录入中，可以定义空间使用分类、编辑组织机构、员工信息；最重要的是可以添加楼栋、楼层和房间等空间数据。

• 定义房间类型：系统对房屋用途分三级管理，分别为房屋大类、房屋类别和房屋类型。房间大类、房间类别、房间类型都可以通过"新建"来添加新的种类。

• 定义房间类型高亮颜色：可定义房间类别、房间类型的高亮颜色。高亮样式也可根据学校要求自定义。

• 定义组织结构：系统将学校组织结构分为三个层级，分别为单位分类、使用单位和科室。

• 定义组织结构高亮颜色：可定义使用单位、科室的高亮颜色。高亮样式也可根据学校要求自定义。不设置高亮颜色，系统会使用默认的高亮颜色。

• 定义空间数据：可以编辑学校的房产数据。因为学校建筑物数量较多，也可以通过搜索功能，设置搜索条件，例如直接输入建筑物名称来过滤建筑物列表。房产数据分为四个层级：校区、建筑物、楼层、房间，可编辑修改对应层级的属性。其中，楼栋的建筑面积可根据房产证的面积填写；使用面积为楼栋中所有房间的 CAD 面积之和；公共面积包括走廊、大堂、门厅、楼梯、电梯、竖井等，为建筑面积与使用面积之差；公摊率为公共面积在建筑面积中所占的比例[3]。

• 定义员工信息：可以定义和修改教职工的信息，包括教工姓名编号、性别、单位、职称职务、来校时间、通信信息、办公地点等[3]。

• 更新面积总和：汇总房间面积到各统计维度如建筑物、使用单位、房屋类别进行更新。

3　日常操作

• 为房间分配用途：可通过 CAD 图，浏览本单位全部房间类型 CAD 布局图；以列表方式浏览本单位全部房间的基本信息，包括房间类型；变更房间用途。

• 为房间分配单位：可通过 CAD 图，浏览本单位全部房间类型 CAD 布局图；以列表方式浏览本单位全部房间的基本信息，包括房间类型；变更房间单位。

4 公房管理报表

公房管理报表分为按整体、按建筑、按分类、可视化四类报表。公房管理的报表功能是日常工作中最常用到的功能版块。

1）整体情况报表，按整体报表又分为五类报表格式：

• 学校所有建筑统计分析：根据学校的各院区统计各建筑楼栋用途、建筑面积、使用面积、公摊率等。

• 学校所有类别统计分析：根据学校所有房间类别统计分析房间类型的所有房间个数、建筑面积、使用面积等。

• 所有使用单位面积汇总：根据学校各单位分类统计分析所属单位的所有房间个数、建筑面积、使用面积等。此外，值得注意的是有些公共使用房间没有具体单位，所以各单位的建筑面积之和要比学校真实的建筑面积小。

• 单位房屋使用分析仪表盘：以仪表盘的形式展示学校各单位的使用情况，用饼状图的形式展示各单位的使用占比、各单位的使用情况报表、教学单位的使用情况报表、行政单位的使用情况报表，各单位的使用面积柱状图、行政单位使用面积的柱状图。

• 所有供暖建筑统计分析。

2）建筑物房产报表

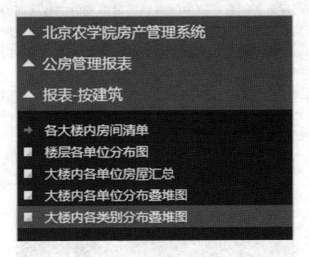

• 各大楼内房间清单：选择校区、选择建筑楼栋，展示该建筑楼栋的所有房间信息及建筑面积和使用面积的汇总情况。

• 楼层各单位分布图：展示楼层各房间的单位占用情况，查看楼层布局，按多种条件高亮房间并汇总楼层面积。

• 大楼内各单位房屋汇总：可查看大楼内的单位使用情况，按楼栋展示各使用单位的使用数据。

• 大楼内各单位分布叠堆图：查看建筑物内的单位使用情况，按楼栋楼层展示各使用单位的使用数据。

• 大楼内各类别分布叠堆图：查看建筑物内的房间类型使用情况，按楼栋楼层展示各房间类别的使用数据。

3）按分类查询统计报表

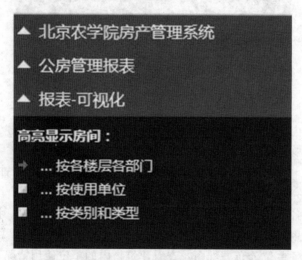

•各类型房屋分析图表：按房间类别展示学校内的各房间类别使用情况，展示各房间类别数据及类型数据显示某类型下所有房间类型的使用比例。

•各类别房屋类型分布：展示房间类别、类型和房间的使用情况，按类型和类别查看房间数据情况。

•各类别房屋分布汇总：展示房间类别、类型和房间的使用情况，按类型和类别查看房间数据情况，并辅以饼图和列表形式展示。

4）二维可视化报表

二维可视化报表要依靠逐级展开的树形结构和楼层CAD图纸展示来实现。

•按各楼层各部门：查看各楼层各部门的布局，按各楼层各部门高亮显示各楼层房间，按各楼层各部门条件高亮房间并汇总楼层面积。

•按使用单位：查看各使用单位的布局，按使用单位高亮显示各楼层房间，按各使用单位条件高亮房间并汇总楼层面积。

　　•按类别和类型：查看各类型房间的布局，按房间类别和类型高亮显示各楼层房间，按房间类别类型条件高亮房间并汇总楼层面积。

　　综上，高效房产管理系统旨在简化管理，实现可视化[4-5]，完备报表报盘等统计工作，同时也为学校的发展决策提供切实有效的数据依据。如果多所高校能通力合作、相互支持，共同参与到这项系统开发工作中，效果事半功倍。

参考文献：

[1] 张耀辉. 高校房产管理问题及解决措施 [J]. 经营与管理，2018 (10)：158-160.

[2] 彭亮. 基于 DCI 架构的高校公用房信息管理系统的设计与实现 [D]. 南昌：南昌大学，2016.

[3] 腾格尔，洪友堂，钱钟森，王国. 高校公用房管理系统设计与开发 [J]. 测绘通报，2015 (2)：38-43.

[4] 杨杰. 基于 GIS 的高校土地资源信息管理评价系统设计与应用 [J]. 现代电子技术，2015 (16)：26-28.

[5] 梁曦彤. 高校公用房管理信息系统建设探析 [J]. 高校后勤研究，2020 (3)：36-37.

大型仪器设备共享平台系统建设
——以北京农学院为例

宋婷婷

（北京农学院国有资产管理处，北京，102206）

摘要： 根据上级相关文件部署，北京农学院从 2019 年开始对本校购置原值在 40 万元以上的大型仪器设备进行有偿开放共享。针对北京农学院的大型仪器设备管理情况，通过对系统框架、业务结构、设备关系、存放地点、用户情况进行编码，以数据视角设计共享流程和共享规则，用先进的计算机编程方式让仪器设备以信息的形式存在于系统之中，从而搭建大型仪器共享平台系统。本文讨论的平台系统已通过设计论证完成及构建，在实验室环境开展项目落地最终获得了良好效果。

关键词： 共享平台；管理信息系统；开放共享

推进仪器开放共享是国家的要求、社会的需求及高校师生的诉求。根据 2014 年国务院发布的《关于国家重大科研基础设施和大型科研仪器向社会开放的意见》，以及 2016 年北京市人民政府办公厅针对 70 号文件在北京的落地，发布《关于加强首都科技条件平台建设进一步促进重大科研基础设施和大型科研仪器向社会开放的实施意见》，要求北京高校进一步推进国家重大科研基础设施和大型科研仪器的开放共享，提高资源利用效益[1]。

北京农学院从 2018 年起统筹管理大型仪器设备共享开放工作，在多年探索的基础上提出了"共享、共建、共赢"的共享开放工作思路，明确共享是目的、共建是手段、共赢是效果的指导思想，实现学校有收益，共享单位、工作人员有收益，共享工作开展有保障。本文以北京农学院为例，就大型仪器共享平台搭建的背景、模块设计、实际操作等相关问题进行阐述及讨论。

1 北京农学院大型仪器设备情况

仪器设备是高等院校人才培养、科学研究和社会服务的重要物质条件，是高等教育稳步发展的重要条件保障。随着北京农学院教育事业的迅速发展，大型仪器设备的数量不断增加，精度和功能也有所提升。学校现有教学仪器设备27 289 台（件），总价值约 3.6 亿元，其中大型仪器设备 121 台（件），适宜开放共享的设备 90 台（件）。通过对北京农学院实地调研和账目筛查发现，大型仪器设备的使用及共享开放还存在以下问题。

1.1 大型仪器设备购置论证不足

重复购置仪器设备现象较为明显，各个院系、实验室大多根据自身需求进行大型设备的采购论证，一般是对照科研内容的需要和仪器功能是否符合，但是较少考虑仪器利用率，并未充分调研学校整体的设备保有情况。采购后，大型仪器设备管理分散，缺乏资源共享和宏观控制，造成了部分仪器设备使用率极低的资源浪费现象。

1.2 各院系、各行政部门协同不畅

各学院之间、实验室之间交叉少、互动差，信息共享不畅，院系壁垒坚固；各学院实践实习情况不同，教学任务执行方式不同、仪器设备存放与管理各自为政；由于大型仪器设备申请购置由多部门归口审批，互不沟通，配置论证过程中缺乏协调；实验室管理涉及教务处、科技处和国资处等多个行政管理部门，职责不清晰。

1.3 维保、开发经费困难

大型仪器设备使用具有极高的专业性，同时设备的维修保养经费极高，使用、开发和维护需要专业人员花费大量的精力，无论是仪器的购买者还是实际使用人都没有开发和共享的积极性。学校专用经费不充足，不足以支撑所有大型仪器设备的维修维护需求。

1.4 缺乏专业管理人员

校内管理大型仪器设备的人员配备不足，实验室正式编制教师人手不够。具备操作实验设备技术的人员较少、培训不足，导致仪器闲置、质量下降。实验室环境条件差、仪器设备缺乏定期调试检测、效益产出情况不佳。因此，建立高效大型仪器设备公共服务体系，提高大型仪器设备的使用效益，是北京农学院开展共享工作的一项重要工作[2]。

2 大型仪器共享平台系统的建设目标条件

大型仪器设备开放共享工作涉及单位多，审批手续环节多，预约时效性

强，涉及人员身份复杂，单单依赖人工管理模式是很难很好的实现开放共享工作，需要一套大型设备共享管理软件来协助实现学校相关工作的开展。高等院校大型仪器设备共享平台建设的总体目标是根据高等院校大型仪器设备共享业务现状和特点制定的，主要包括以下内容。

通过搭建全新的网络平台，实现对全校重大仪器设备的全方位控制，并彻底消除重大仪器设备管理与平时使用中的重置、浪费等现象。通过需求研究规范业务内容与信息资源管理方式，并借助创新体系的建设充实业务内涵，进一步提高业务水平，同时界定各有关二级单元对重大仪器设备管理工作的具体职能，进一步规范大数据收集、加工、转换等。构建以重大仪器设备管理为核心内容、以数据共享应用为重点的大型仪器与设备数据共享网络平台，全方位提高高校的重大仪器设备规范化管理水平与科学决策水平，为建设全面符合新政策要求的现代数字化大学校园奠定坚实基础。

建立以大型仪器设备为核心、以学校管理为重点，以教师、学生为主体的大型仪器设备共享平台，实现大型仪器不同业务系统之间统一集成、资源整合和高效运转，提高信息共享和业务协同管理，全面提升大型仪器的使用效率，达到预期目标的同时，争取人力和财力的最大节约。

3　大型仪器共享平台系统的建设原则

3.1　以共享为核心，以补贴为手段

北京农学院通过对设备管理员的绩效奖励，鼓励大型仪器设备管理单位主动提供共享服务，鼓励使用现有大型科学仪器设施，逐步建立和完善大型科学仪器设备设施共享运行机制。

3.2　调控增量，激活存量

完善大型仪器装备合作共享规范、机制建设，逐步实现将校内的大型仪器设备纳入学校大型仪器共享系统中，并对大型仪器共享服务良好的单位优先予以实验室保障性费用支持，从而最大限度地激发现有资源的利用潜力，逐步达到对重大仪器设备合作资源共享的合理优化分配。

4　大型仪器共享平台系统的功能

4.1　系统的开放性与技术先进性

北京农学院大型仪器共享平台系统由北京久其软件股份有限公司搭建，系统遵循国际标准提供开放的数据接口，可以进行数据的导入和导出，实现与资

产系统、房产系统及财务系统间互连；采用先进成熟的存储设备和开发技术确保系统的技术先进性，保证本系统对大型仪器设备开放共享工作服务的有效性和延续性。

4.2 系统的规范性与标准化

北京农学院大型仪器共享平台系统严格执行高校统一的业务体系和其他各类编码标准，遵守行业数据标准。定义出一个抽象的数据描述格式，以方便系统与其他业务系统的数据交换。

4.3 系统的可行性和操作性

北京农学院大型仪器共享平台系统的建设是一个循序渐进的工作，需要根据师生使用体验、学校发展目标以及上级文件制度不断改进，要求本系统的设计方案具有较好的可行性以及可实施性。一方面，在系统的整体框架下系统开发使用能够分阶段地进行，并保持各阶段的相互铺垫和整体工作的连续；另一方面，系统设计充分考虑用户具体的网络、硬件环境，保证系统的设计和实施能够适应学校师生目前的使用和将来的发展。

4.4 系统的灵活性与可维护性

北京农学院大型仪器共享平台系统应具备扩展、升级和移植的功能，并支持业务功能的重组与更新的灵活性，新的业务应用可灵活增加，不影响系统原有业务功能。具有灵活的、可进化的数据体系结构，允许任何数据被有序引入，并与原有的数据保持一致和集成。

4.5 系统的安全性与可靠性

构建北京农学院大型仪器共享平台系统充分利用学校现有的信息化基础，提供良好的数据安全可靠性策略，保证系统及数据的安全与可靠，对关键业务处理提供高级别的安全方案，满足电子签名法的要求，对非关键业务处理采用普通的安全机制以降低成本。

4.6 系统的准确性与操控性

为保证北京农学院大型仪器共享平台系统数据处理的准确性，运用了多种数据审查手段，保障了数据传输的及时、准确、可靠和安全。系统的设计最终将面向广大师生，必须保证易操作、易理解、易控制，并会定期开展用户使用情况调查，根据反馈及时更新系统。

5 北京农学院大型仪器共享平台系统的技术架构

北京农学院大型仪器共享平台系统采用多层 B/S 结构，纯 JAVA 语言开发，全部基于 J2EE 标准的分布式计算技术，可支持 Oracle 等多种主流大型数据库，能够实现大型仪器设备共享管理各环节业务流程的灵活配置。

系统中大型仪器设备信息、实验室基本信息、部门及人员等基础信息既可以通过管理员手工录入，也可以对接学校数据库通过 Web service 进行同步新增、信息更新，能有效地与学院的数字化管理平台融合，通过现有的校园门户系统进行身份认证，实现单点登录。具体同步的信息项支持灵活配置，主要包含资产编号、资产名称、规格、型号、存放地、所在单位及大型仪器相关信息等。

系统依靠 WEB 技术和 HTTP 协议为用户提供远程的操作管理功能，可以与学校现有的其他系统对接，将设备仪器、存放地点、门禁、系统消息等业务对象串联对应，以模型的方式在系统内流转，还可以以物联网的模式对接实验室门禁、设备控制器等。通过控制器与用户交互事件关联实现功能联动，例如各种创建、删除、修改和查询等功能都可以通过事件控制器派发到具体的功能模块上执行。

6 结语

北京农学院大型仪器共享平台系统是根据学校大型仪器共享问题具体情况量身定做的一款信息化系统。通过设计这一系统以平台化的管理手段建设信息桥梁，让设备的使用者和管理者直接可以无缝对接，从而提高设备使用率、提升管理水平。本文针对北京农学院的大型仪器设备管理情况，通过对系统框架、业务结构、设备关系、存放地点、用户情况进行编码，以数据视角设计共享流程和共享规则，用先进的计算机编程方式让仪器设备以信息的形式存在于系统之中，从而搭建大型仪器共享平台系统。本文中的共享平台系统通过设计论证已于 2019 年完成构建，通过生物与资源环境学院、植物科学技术学院、动物科学技术学院及食品学院等多家单位落地使用，效果良好，受到使用师生的一致好评。

参考文献：

[1] 庄菲. 大型仪器共享管理系统设计与实现 [J]. 计算机产品与流通，2019 (10): 1.

[2] 李建玲. 深化科技平台建设推动科技创新建设——北京市科技资源服务创新创业的实践经验 [J]. 中国培训，2017，335 (14): 34-35.

第四部分

危险化学品管理

高校危险化学品全生命周期管理建议

周超进

（北京农学院国有资产管理处，北京，102206）

摘要： 危险化学品作为高校教学科研的重要支撑，因使用种类多、分布广、使用人员变更频繁等原因，容易引起安全事故，是高校实验室安全管理的重中之重。针对高校实验室在危险化学品采购、使用、储存、运输、处置等全生命周期管理环节中暴露的问题，提出采购、使用、储存、运输、处置等环节的管理建议，全面提升高校危险化学品安全管理水平，保障教学科研工作的顺利开展。

关键词： 高校；危险化学品；管理；建议

近年来，随着国家对高等教育的重视，相关投入不断加大，高校的教学科研水平不断提高，研究生规模不断壮大，但同时管理机制的不完善也导致实验室风险提高，实验室安全事故时有发生。2021 年 7 月 13 日，某大学一间化学实验室在实验过程中发生火情，导致一名博士后实验人员头发着火，轻微烧伤。2021 年 7 月 27 日，某大学药学院实验室，一博士生用水冲洗前毕业生遗留在烧瓶内的未知白色固体时发生炸裂，手臂动脉血管被刺穿。2021 年 10 月 24 日，某大学材料科学与技术学院材料实验室发生爆燃，造成 2 人死亡，9 人受伤。据中国矿业大学（北京）资产与实验室管理处不完全统计：2001—2020 年，媒体公开报道的全国高校实验室安全事故有 113 起，共造成 99 人次伤亡[1]。其中，火灾、爆炸事故占 80%，中毒、触电、机械伤害等事故占 20%；化学品试剂使用、储存、废物处理方面的事故占比接近 50%；试剂存储不规范、违规操作、废物处置不当等直接原因比例占 62%。可见，危险化学品安全管理是实验室安全管理的重中之重。

1 高校危险化学品管理存在的主要问题

危险化学品（简称危化品）一般指具有毒害、腐蚀、爆炸、燃烧、助燃等性质，对人体、设施和环境具有危害的剧毒化学品或其他物质和装置[2]。高校主要涉及危险化学品采购、使用、储存和处置环节。高校实验室危险化学品，具有种类多、存量少、存储不规范、管理难度大的特点[3]，再加上使用危化品的学生流动性大，给高校危险化学品管理带来了诸多问题和挑战[4]。

1.1 采购

由于学校老师个人购买习惯，在购置危险化学品时，不查看供应商是否有危险化学品经营资质，违规购置危险化学品。有的老师为了规避学校检查，将采购的危险化学品开具成普通试剂，实际采购与发票报销不一致。为了实验需要，不考虑实验室存量要求，超量采购危险化学品，且存放不规范。

1.2 使用

使用过程中未进行危化品出入库登记，或登记信息不完整[5]。使用危险化学品进行实验前，未对实验安全风险进行安全评估，无危险化工工艺指导书，无各类标准操作规程（SOP）和应急预案。

1.3 储存

学校师生对危险化学品缺乏科学有效的辨识，不了解所用危险化学品的理化特性，不能按照理化特性和配伍禁忌进行科学合理分类存放[6]。部分实验室危险化学品总量超过规定要求，加大实验室安全隐患。

1.4 处置

高校师生环保和安全意识不足，存在随意倾倒危险废液，把固体废物当作生活垃圾随意处置的情况。实验室危险废物未能按照废物种类进行科学分类收集，存在多种废液混合收集的情况[7]。

2 高校危险化学品全生命周期管理建议

2.1 危险化学品采购管理建议

为了强化危险化学品全生命周期管理，高校根据本校情况，建立自己的全生命周期管理系统。通过管理系统对危险化学品全生命周期进行管理。以农学院为例，学校开发了北京农学院实验耗材管理系统（以下简称管理系统），所有危险化学品必须通过管理系统进行采购。危险化学品在管理系统下单前，会弹出所购危险化学品的 MSDS，在师生熟知危险特性并点击确认后方可下单。针对危险化学品的特殊性，设置了层级审批的管理模式，在各学院设置了危险化学品采购院级管理员，在国资处设置了危险化学品采购管理校级管理员，便于学院和学校掌握危险化学品的采购情况。根据危险化学品类别，制定了普通危险化学品采购和管制类危险化学品采购两种采购模式。

2.1.1 普通类危险化学品采购

学校师生可在管理系统供应商直接购买普通危险化学品。供应商的确定原则：根据学校老师的采购习惯，由老师和课题组提出推荐供应商，国资处审核供应商相应的营业执照、危险化学品经营许可证、危险化学品生产许可证、气瓶充装许可证等相关证件，符合要求的纳入系统管理。

2.1.2 管制类危险化学品采购

考虑到公安机关对管制类危险化学品的特殊管理要求，特别是易制爆危险化学品，加上学校管制类危险化学品所用数量较少，学校对危险化学品进行集中采购。学校老师在本学期末提交下学期危险化学品申购计划，国资处根据老师的采购需求，集中进行管制类危险化学品采购，代表学校到公安机关集中办理易制爆化学品采购备案和易制毒化学品购置许可，在学校危险化学品仓库进行集中存放。管制类危险化学品到校后，师生填写《北京农学院实验室管制类危险化学品购买申请表》和《北京农学院管制类危险化学品保管和其他接触使用人员基本信息表》，在管理系统下单后，到学校危险化学品库房领取相应的危险化学品。

2.2 危险化学品储存管理建议

高校危险化学品存储主要分校级危险化学品专用库房存储和实验室暂存两种。校级危险化学品专用库房必须符合国家相应的建设要求，实验室必须配备相应的危险化学品专用存储柜。实验人员必须对危险化学品进行科学的识别，按照相应危险化学品的理化特性和配伍禁忌进行科学合理的分类暂存。

2.2.1 校级危险化学品专用仓库管理要求

校级危险化学品专用仓库应由专人负责管理。专用仓库的耐火等级、层数、面积、平面布置、安全疏散、泄压设施和防火间距等应当符合《建筑设计防火规范》（GB 50016—2014）的规定。储存剧毒化学品、易制爆危险化学品的专用仓库，还应当按照国家有关规定设置相应的技术防范设施。库房内应当根据储存的危险化学品温湿度要求，设置温湿度计，并按照规定时间进行观测和记录。仓库应当根据储存的危险化学品性质，配备灭火器、消防沙、吸油棉等应急器材以及防毒面具、防护服等个体防护装备。

2.2.2 危险化学品分类存储现行标准

危险化学品的配存应当符合《常用化学危险品贮存通则》（GB 15603—2022）附录 A、《常用化学危险品贮存禁忌物配置表》、《易燃易爆性商品储存养护技术条件》（GB 17914—2013）、《腐蚀性商品储存养护技术条件》（GB 17915—2013）、《毒害性商品储存养护技术条件》（GB 17916—2013）附录 A（危险化学商品混存性能互抵表）的规定，严禁与禁忌物品混合存放。非药品类易制毒化学品的配存应当符合《企业非药品类易制毒化学品规范化管理指南》附件 2（非药品类易制毒化学品储存禁配参考表）的规定。

2.2.3　如何确定危险化学品的主要危险特性

方法一：直接查看危险化学品的 MSDS，通常象形图的第一个图标就是最主要风险。

方法二：建立《危险化学品目录》（2015 版）与《危险货物品名表》（GB 12268）中各物质的对应关系，即可确定各危险化学品与配存表匹配的危险性分类。

（1）确定各危险化学品的 UN 编号。根据某种危险化学品的品名、别名、英文名和 CAS 编号信息以及"危险化学品分类信息表"中的分类，确定该物质在 GB 12268—2012《危险货物品名表》中的 UN 编号。也可直接通过百度搜索。

（2）确定危险特性。根据 UN 编号，在《危险货物品名表》确定该物质的危险性类别，包括"类别或项别""次要危险性"。

2.2.4　危险化学品存储原则

（1）严禁混放。有禁忌性化学物严禁混合存储；强酸强碱分开；氧化剂与还原剂及有机物等分开；强酸尤其是硫酸与强氧化剂的盐类（如高锰酸钾、氯酸钾等）分开。

（2）固上液下。同一类别中，固体液体存放于同一柜体内时，固液需分开（固上液下）、有机无机需分开。

（3）明确化学品信息。柜内存储的化学品及配制试剂瓶需配有合规的化学品标签，无标签、新旧标签共存、标签信息不全或不清等化学品不得存放。

（4）密封保存。存放的化学品必须保持严格密封；溴素（易制毒品）必须水封。

（5）上强下弱、上轻下重。不同挥发性化学品存放时遵循上强下弱的原则，同时尽可能遵守上轻下重的原则。

（6）严禁超限储存。层板上所储存化学品，需受力均匀，且充分考虑层板承重。

（7）适量存储。每间实验室内存放的除压缩气体和液化气体外的危险化学品总量不应超过 100L（kg），其中易燃易爆性化学品的存放总量不应超过 50L（kg）且单一包装容器不应大于 25L（kg）；每间实验室内存放的氧气和可燃气体各不宜超过一瓶或两天的用量；实验室内与仪器设备配套使用的气体钢瓶，应控制在最小需求量；备用气瓶、空瓶不应存放在实验室内。

（8）管制类危险化学品。管制类危险化学品要单独分柜存放、双人双锁。

（9）易挥发的、不稳定的、低沸点的化合物，需要低温保存的药品须按要求放入所需的环境（低温冰箱，最好是防爆冰箱）。

（10）易制爆化学品严禁在实验室过夜。

2.3 危险化学品使用管理建议

2.3.1 实验设计

出于对实验安全的考虑，鼓励师生在设计化学实验时，尽量避免使用高毒、易爆等高危化学品。对于存在较高风险的化学实验，应尽可能降低反应投料量；对于高风险实验，应从小规模开始，确认安全后方能放大，放大前也须进行风险评估，充分了解、防控放大实验所带来的风险叠加，确认安全才能放大。

2.3.2 实验作业指导书

对危险性的实验、工艺应组织具有专业背景和实验经验的老师进行风险评估，制定实验室指导书或安全操作规程，包含风险控制措施和应急处理方法。实验室指导书或安全操作规程放在容易取阅处，并做好实验者的培训。实验操作要严格按照实验指导书、安全操作规程进行。

2.3.3 实验室应急预案

针对特殊危险的实验需要制定应急预案，将预案放在方便取阅处。实验人员充分了解特殊危险实验的风险，熟悉应急处理流程与方法。做好应急救援设施和物资准备工作。

2.3.4 实验室出入库台账

管制类危险化学品从库房领取时要及时进行出入库登记，危险化学品在实验室存放的也要及时做好出入库使用登记，并确保账物相符。

2.4 危险化学品废弃处置管理建议

（1）有资质的处置单位（企业）签订处置协议，对实验室化学类废物进行合规处置。

（2）应设立规范的化学废弃物暂存区，并张贴相应的警示标签，配合相应的暂存容器分类进行危险废物收集。

（3）学校特别印制统一的化学废弃物标签，在实验室收集危险化学品废弃物时根据实际情况如实填写相关信息。

（4）对化学类危险废物进行科学分类管理。

根据实验室化学类危险废物特性将危险废物分为桶装废液、废试剂、空试剂瓶、碎玻璃、化学沾染物、利器及活泼金属、未知物、含汞废试剂、剧毒废试剂几类。并根据危险废物种类设置不同的回收要求。

3 结语

各高校应健全完善实验室危险化学品安全管理责任制，健全完善各项管理制度，推进安全教育和应急演练，始终坚持问题导向，建立健全风险防控体系，不断健全预防机制，切实采取有效手段，提高高校危险化学品采购、储存、使用和处置的全周期管理水平，保证高校实验室危险化学品安全。

参考文献：

[1] 科学网新闻 . 实验室安全"求解"[EB/OL]. [2021-12-21]. https：//news. scien-cenet. cn/sbhtmlnews/2021/12/367299. shtm.

[2] 中华人民共和国中央人民政府 . 危险化学品安全管理条例 [EB/OL]. [2001-01-26]. http：//www. gov. cn/gongbao/content/2002/content _ 61929. htm.

[3] 李广艳 . 浅析高校化学类科研实验室的危险化学品管理 [J]. 实验室研究与探索，2014，33（11）：301-304.

[4] 庄众，赵军，路贵斌 . 高校危险化学品的安全管理实践与探讨 [J]. 实验技术与管理，2014，31（8）：3.

[5] 秦坤，付红，孟宪峰，等 . 高校实验室危险化学品的安全管理 [J]. 中国现代教育装备，2016（1）：24-26.

[6] 杜奕，冯建跃，张新祥 . 高校实验室安全三年督查总结（Ⅱ）：从安全督查看高校实验室安全管理现状 [J]. 实验技术与管理，2018，35（7）：11-17.

[7] 李旭，陈力，高滢，等 . 高校危险化学品安全管理现状与对策研究 [J]. 实验室研究与探索，2019，38（4）：5.

北京农学院危化品专项整治工作的成绩与思考

张国柱　宋婷婷　周超进

（北京农学院国有资产管理处，北京，102206）

摘要： 根据上级相关文件部署，北京农学院开展 2019 年至 2020 年全校化学实验室的危化品专项整治工作。本次专项行动由工作部署、安全检查及隐患整改、总结及验收三个阶段组成，过程中健全了实验室的责任体系、完善了安全管理制度、规范了危化品全流程管理、实施了软硬件的十项专项工程。通过本次专项工作，显著提高了各二级单位对实验室安全的重视程度。经过总结经验，形成了管理上的长效机制，对下一步实验室安全工作的开展提供了重要的参考。

关键词： 北京农学院；专项整治工作；实验室安全

1　活动的组织与实施

为贯彻落实北京市教育委员会、北京市应急管理局《关于开展高校实验室危险化学品安全专项治理工作的通知》的要求，加强北京农学院实验室危险化学品储存和使用环节的安全监管，防范危险化学品安全事故发生。北京农学院校长办公会研究，决定于 2019 年至 2020 年开展实验室危险化学品专项治理工作，并召开实验室危险化学品安全专项治理工作部署会，对专项工作的目标、内容等进行详细的部署，明确实验室危化品治理的目的和要求[1]。

1.1　指导思想

以党的十八大以来"始终把人民生命安全放在首位"和"加强安全生产工作的一系列重大决策部署"为指导，深刻吸取天津港"8·12"特别重大事故教训，以打造"平安校园"为目标，牢固树立"以人为本、安全发展"的理念，坚持"安全第一、预防为主"的方针，通过专项治理工作，完善学校实验室危险化学品安全管理责任体系，健全安全管理制度，完善安全设备设施，加强安全教育培训，提升实验室安全管理人员和师生的安全意识，增强应急处置能力，消除安全隐患，保障师生生命安全和校园安全稳定。

1.2 组织领导

学校成立了北京农学院实验室危险化学品安全专项治理工作小组，由校党委书记、校长担任组长，分管实验室、教学、科研工作的校领导为副组长，主要成员包含国资处、教务处、科技处负责人和相关学院院长。

1.3 工作安排

本次专项治理工作自 2019 年 10 月开始至 2020 年 5 月结束，分三个阶段开展：

（1）工作部署阶段。认真学习上级通知要求，研究学校实验室危险化学品安全专项治理工作，制定印发专项治理工作方案，明确治理目标、治理内容、治理要求；组织召开动员部署会议，并对各单位负责人、实验室管理人员、实验教师等人员进行专题培训；小组成员单位按照工作职责、任务分工、治理内容以及工作要求开展工作。

（2）安全检查及隐患整改阶段。各单位根据专项治理的要求，结合"关于开展全校实验室安全风险分类分级工作"和"北京农学院应急预案调查表"认真开展实验室危险化学品调查摸底工作，对使用危险化学品的实验室进行全面排查。学校将组织专家或者专业安全技术服务机构，依据专项治理内容和工作要求，对危险化学品使用安全管理状况组织开展安全现状评估，查找出学校在危险化学品使用上存在的问题及隐患，组织专业力量进行隐患整改。

（3）总结及验收阶段。学校专项治理工作完成后，按照工作要求，学校将邀请北京市教委推荐的 3 名以上专家和北京市教委、北京市应急管理局、北京市消防救援总队等部门组成的检查验收组入校进行验收。对验收结果进行深刻总结，将工作中行之有效的经验和办法进行总结宣传，对表现突出的单位集体进行新闻表扬。

1.4 治理内容

针对全校使用危险化学品的实验室展开专项检查、治理工作，依据《危险化学品安全管理条例》《教育部关于加强高校实验室安全工作的意见》以及《实验室危险化学品安全管理规范 第 2 部分：普通高等学校》（DB11/T 1191.2—2018）等法律法规和标准规范，重点治理内容包括机构设置，制度建设，危化品采购、储存、使用管理，安全设施，安全教育培训，危险废物收集与处置，应急处置以及消防安全等。

2 专项工作取得的成绩

2.1 健全了实验室安全管理责任体系

根据北京市的相关要求，为了确保专项治理工作的顺利开展，学校分别于2017 年和 2019 年两次优化调整校院两级化学品管理机构，将国有资产管理处作为归口管理部门，设有实验室管理科，6 名人员专职负责实验室安全管理工作。

学校按照"谁使用、谁负责、谁主管、谁负责"和"管业务必须管安全"原则，建立了三级联动安全责任体系。学校党政主要负责人是安全工作第一责任人，分管教学实验室工作的校领导协助第一责任人负责教学实验室安全工作，是教学实验室安全工作的重要领导责任人。学校二级单位（各学院）党政负责人是本单位教学实验室安全工作主要领导责任人。实验室主任、研究生导师是具体实验室安全责任人，根据各单位的实验安全工作计划开展本实验室的安全管理工作。各实验室均设定一名兼职安全员，安全员协助实验室主任和研究生导师完成实验室的具体安全工作，将危险化学品安全管理责任传导到岗、到位、到人。

2.2 完善了实验室安全管理的规章制度

为了使实验室安全管理工作更加规范化、制度化，真正做到有法可依、有据可查、有章可循，学校先后出台了《北京农学院实验室安全管理规定》《北京农学院危险化学品安全管理办法（修订）》《北京农学院实验室危险废物管理规定》《北京农学院实验室安全准入制度》《北京农学院危险化学品安全综合治理三年行动计划（2017—2020 年）实施方案》《北京农学院实验室安全事故应急预案》《北京农学院突发环境事件应急预案》《北京农学院关于开展实验室危险化学品安全专项治理工作的通知》等专项业务管理制度文件，分别从安全责任、隐患排查治理、安全准入、采购管理、危险废物管理、气瓶和气体管路安全管理、应急管理、安全操作规程等方面进行规范，各项制度均有效落实。

2.3 规范了危化品全流程管理

针对危化品管理的重点，学校强化落实危险化学品从计划-采购-存储-使用-回收-处置全流程管理，利用实验耗材管理平台系统对危化品在校内的各个状态过程留痕管控。学校严格审批每学期学院实验室危险化学品采购计划，由国有资产管理处统一向具有合法资质的生产、经营单位采购。涉及存放使用危险化学品实验室按要求建立了危险化学品领用、使用和退回台账并与管理系统

——对应。学校建设了危险废弃物暂存库，定期对实验室危险废弃物进行分类收集、分类存储，根据库内存量情况学校及时向环保部门进行网上申报，并委托北京金隅红树林环保技术有限责任公司对危险废液进行运输与处理。

2.4　促进了安全文化的建设

学校开展危化品专项治理工作希望从更深的层面激发师生的安全意识，并以开展实验室安全工作宣传月主题活动为契机，通过启动仪式、安全知识专题培训、安全事故警示展、发放应急手册应急物资和突发事件应急处置等多种形式的活动，培养师生的安全意识，激发奋发向上的校园精神。宣传月活动中，邀请了北京大学实验室与设备管理部和高校实验室安全培训讲师两位专家，围绕实验室全生命周期管理的探索与实践和危化品储存管理与防护相关问题展开培训；由于疫情防控时期的特殊要求，针对学校情况录制了《实验室安全及危化品使用管理》网络课程，用于本硕新生培训和实验室安全知识的普及。从2019年开始，每年的"实验室安全宣传月"都保证面向全校范围的安全培训4次、应急演练2次，丰富多彩的活动增强了师生的应急救援能力，营造了良好的实验室安全文化氛围。

2.5　实施了十项专项工程

学校根据前期调研和自查发现存在的不足和隐患，整改总结为十项工程，由国有资产管理处牵头对全校的实验室存在的共性问题进行整改。

（1）摸底调查工程。对涉及存放使用化学品实验室进行全面排查，摸清化学品实验室底数、危险化学品种类和数量，建立动态完整的基础台账。全校化学类实验室242间，涉及危险化学品种类331种。

（2）制度完善工程。健全完善安全责任、隐患排查治理、安全准入、采购管理、安全管理、废物处置、气体管理、应急管理、安全操作等制度规程并上墙明示，筑牢制度保障。

（3）台账完善工程。建立危险化学品领用、使用和退回的台账，及时准确记录出入库情况，做到轨迹明晰、账实相符。

（4）分类存放工程。危险化学品与普通化学品分柜存放，化学性质互相禁忌的危险化学品分区存放，灭火方法不同的危险化学品隔离储存。

（5）安全警示工程。实验室设有明显的安全警示标志，安装实验室安全信息牌。

（6）气体安全工程。特殊需求实验室设置安装可燃气体检测报警器和有毒有害气体检测报警器，并与风机联动。

（7）疏散通道工程。实现实验室的门均向疏散方向开启。

（8）预案修订工程。修订完善《北京农学院突发环境事件应急预案》，完成在昌平区生态环境局重新备案。

（9）库房改造工程。升级改造易制爆化学品库房建设，完成在昌平区公安局备案。

（10）分类分级工程。对实验室危险源进行辨识，并对实验室进行分类分级管理。全校 9 个学院 325 间实验室参与分类分级评定，242 间化学类实验室中一级实验室 12 间，二级实验室 50 间，三级实验室 180 间。

3 专项工作的体会与思考

3.1 提高效率，加强信息化建设

针对实验室安全管理范围广、耗时长、内容繁杂等特点，信息化系统结合制度改革、硬件配套、管理模式优化，是解决现存问题的最好手段。在本次专项工作中学校对教学、实验实习中涉及危化品使用的场所增加视频监控系统点位和数据加密，加强了学校安防系统信息安全建设，进一步完善了实验室安全信息化平台。实验耗材特别是化学品从申请、审批、采购、领用、存量统计、废弃物回收处置等全生命周期安全实现信息化和过程留痕管理。学校根据事业发展的现实需要，适时建立了北京农学院实验室管理系统和安全稳定教育网络平台，使学生可以在网络平台上通过文字、视频、语音、PPT 等方式进行安全知识学习，学习后学生通过课程考核，系统自动评分，合格后记入学习档案，增强学生学习的兴趣和主动性[2]。

3.2 推动关口前移，加强安全评估

任何事故的发生，人的不安全行为和物的不安全状态是事故发生的直接原因，物的不安全状态的产生也是由人的错误造成的。高校应坚决贯彻"预防为主"的工作方针，推动关口前移，将危险隐患扼杀在源头。继续加强实验室安全准入程序，切实做到所有实验开展前进行安全评估，将不稳定因素提前预知，推动安全防控的关口前移。实验项目风险评估工作主要由实验室主任、导师这一层级的管理人员负责，能够更有针对性地明确各项风险源，是学校下一步推进的工作重点。不断完善实验室安全评估方式方法，让实验室安全负责人、教师和学生都能完成从"要我安全"到"我要安全"的转变，让培训、演练能够真正落到实处[3]。

3.3 加强安全检查，落实整改

实验室安全检查是发现问题的主要渠道，通过本次专项工作，学校对实验

室检查工作提出了明确要求。每年寒暑假、节假日及重要节点安排定期安全巡检，每年还必须安排 4 次以上有针对性的专项检查：包括加强教学实验室安全工作检查；实验室消防器材配备及维保工作检查；危险化学品使用专项检查；寒暑假安全隐患大排查大清理大整治行动等。将以前巡查时发现的问题作为重点检查对象：包括危化品存储及出入库台账建立，电路安全，消防灭火器材是否齐备，安全出口是否通畅，气瓶架是否配备完整等方面。每次检查都会形成简报在校园主页的固定板块进行公示，并责令该实验室限期完成整改并反馈，保障校内安全隐患从检查到整改的完成形成闭环管理。

除了职能处和专家组成的专业团队，学校还聘请了 6 位实验室安全研究生监督专员，每月负责实验室安全的相关单位都进行 1 次例行巡查，增加学生对于实验室管理的参与度，调动研究生的积极性。

3.4　及时总结，形成长效机制

通过危化品专项整治工作的开展，不断提升实验室危险化学品安全管理科学化、规范化、精细化水平，深化实验室安全管理与教学、科研、管理、服务等各项工作有机结合，形成实验室安全与学校总体工作同计划、同布置、同检查、同考核，形成安全工作齐抓共管的长效工作机制，为加快建设都市型现代农林大学提供安全稳定的实验室环境。

3.5　立德树人，加强安全文化建设

提高一线师生的实验室安全意识，推进实验室安全师生责任，形成实验室安全文化氛围，将实验室技术安全融入实验室教学活动的每一个环节、每一个过程，是实验室安全管理必须做好的"最后一公里"。

4　结束语

安全稳定是发展的前提，没有安全稳定保障的发展不是科学、可持续的发展。实验室作为大学组织体系中的最基本单元，是广大师生从事科研教学活动的集中场所，但因其学科特殊性常常潜伏着爆炸、火灾、中毒、触电、辐射、生物污染等安全隐患[4]，这些安全隐患不仅危及生命财产安全，而且影响学校的声誉。在市委教育工委、市教委、市应急管理局、市消防救援总队、市公安局等上级部门的正确领导下，北京农学院在实验室安全方面虽然取得了一些成绩，但面对不断变化的新形势、新任务，针对广大师生以及学校快速发展的新期待、新要求，学校实验室危险化学品安全管理工作要坚持常抓不懈、永不停歇。

参考文献：

［1］教育部．关于开展高校实验室危险化学品安全专项治理工作的通知［Z］.京教勤
〔2019〕40 号，2019.

［2］黄胜．高校实验室化学试剂安全管理的强化与提升［J］.南京医科大学学报：社会科学
版，2016.

［3］周薇，黄玲，汤明慧．高校实验室安全现状分析与管理对策研究［J］.中国卫生产业，
2020，17（22）：3.

［4］郑爱平，金海萍，阮俊，等．浙江大学实验室安全专项整治活动的回顾与思考［J］.实
验技术与管理，2014，31（6）：4.

第五部分

管理队伍建设研究

高校实验教师队伍在师德引领方面的
探索与实践

杨　瑞　　王建立　　王志忠

（北京农学院植物科学技术学院，北京，102206）

摘要： 高校实验室在实验教学改革、科研提升、人才培养等方面起着示范和引领作用，实验教师队伍建设是高校深化实践教学改革、实现创新发展的重要环节。实验教师所在支部和实验室如何践行师德师风建设，是当前高等教育的重要课题。加强实验教师师德建设是促进实验室可持续发展的动力和保障。

关键词： 实验教师；师德建设；平台研究

1　实验教师师德建设内涵

目前，学校把师德建设放在教师队伍建设的首位，通过各项措施来推动建立师德建设常态化、长效化机制。实验教师是教师队伍和高校实验室建设的重要组成部分，如何在学生课程实验和实习教学、科研训练、毕业论文设计等环节践行实验教师师德建设，做师德建设的引领者，实验室和党支部建设起着关键作用。目前植物科学技术学院重点实验室教师党支部是由全部实验人员组成的基层党支部，所在实验教师分别作为国家级示范中心和北京市重点实验室的日常管理者，肩负着实践教学和辅助科研的任务，实验教师队伍思想状况和素质直接影响着学生的实践教学和科研以及科研道德水平，同时也是大学办学能力和水平的直接体现[1]。

实验教师在工作中与学生近距离、长时间接触，教师的一言一行、一举一动，对学生都起着潜移默化的教育作用，对学生人生观及学习工作习惯的形成起着非常重要的作用[2]。实验教师要耐得住寂寞，在繁重而又平凡的工作中，有爱岗敬业的精神和一颗甘于奉献的责任心。他们既是学生全面发展的导师，也是思想教育者和道德示范者。他们以高尚的思想境界、高昂的精神状态和崇高的行为表现，积极地影响和教育学生，才能更好地完成"培养学生科学实验能力，提高学生科学实验素质"的实验教学目标，才能承担起实践育人、管理育人、服务育人的重任。因此，要建设一支高水平的实验教师队伍，必须加强思想道德素质和职业道德素质的培养。

2　实验教师队伍的调查分析

目前，实验教师师德建设普遍存在的问题：对实验教师师德建设工作重视度不高，高校大多都不同程度地存在一些重工作业务、轻思想教育的现象；同时学校也很少开展有关实验教师师德教育的各类活动，实验教师参与度较低；目前大多数高校建立并实行的师德监督机制和激励机制，仍然存在一些问题，实验教师师德师风评价机制不够完善[3]；实验教师队伍没有建立起较为完善、科学、规范的考核指标体系与激励机制，他们的积极性难于充分调动起来；实验教师培训工作不明确，实验教师职业发展和定位模糊等。

3　实验教师师德建设的对策

3.1　丰富师德建设模式，加强思想道德素质和职业道德素质培训，建立和完善实验教师师德师风建设机制平台

为响应国家和学校号召，建设一支政治素质过硬、业务能力精湛、育人水平高超的高素质实验教师队伍，实验室通过支部建设来搭建实验教师思想教育交流平台，在思想上达成"以技育人，以技服人"的工作思想理念，提高实验教师师德师风建设思想认识，坚持实验教师人员的正确政治方向。通过支部联合、邀请教育宣讲、参加研讨会交流等形式开展多种层次、多种方位和多种渠道的师德师风教育培训工作。结合教学科研和社会服务活动，开展师德师风教育，鼓励实验教师参与学习考察、调查研究以及志愿服务等实践活动，切实提升师德师风教育的效果。同时建立师德建设专家库，把重大典型、全国教书育人楷模、一线优秀教师等请进课堂，用他们的感人事迹诠释师德和德育内涵。定期征集教师和学生对实验教师的建议和意见；定期组织实验教师党员之间、党员和群众之间的谈心谈话等活动，拓宽和激发实验教师的工作思路，总结实验教师个体差异和共性，对实验教师师德建设的特点和规律进行探索。

3.2　加强专业知识和实验技能培训，提倡和鼓励实验教师参与实验教学和科研工作

实验教师的工作是一项综合性工作，他们不仅要具有一定的理论知识，还

必须具有丰富的实验经验。实验教师专业能力的强弱和职业素质的高低，直接影响到高校人才培养的质量。随着实验技术的不断发展，很多新的仪器设备也在不断地应用到学生的实验教学和科研训练中来，这就要求实验教师还要掌握现代科学仪器的知识[4]。高校实验教师在职业素养、职业意识和职业能力建设方面很好地体现了工匠精神的内涵。因此，实验室应完善工匠精神的养成与培育机制，从"匠心""匠术""匠行""匠道"等环节着手培育和弘扬工匠精神，打造一支高素质的"工匠型"实验教师队伍[5]。加大对实验室人员的培训力度，定期举办培训班、讲座，尤其是对大型精密仪器的正确使用及保养方法的培训；鼓励实验室人员学习专业知识，与其他院校实验室进行对接，扩大交流和学习，坚持"走出去，引进来"的思想理念，引导实验教师积极参加各种实验技术培训和交流，关注本专业的最新知识及实验技术，使其更好地应用于实验教学，提高实验室管理能力和业务水平，让实验教师有信心、有能力为师生做好服务。

同时还应该人力鼓励并提倡实验教师参与科研及实验教学改革工作，不断更新实验内容，设计新的实验方案。结合党建、教学、科研等中心工作开展学生专业竞赛、支部对接、技术培训和外出参观学习等活动。凝聚特色，明确目标，践行"以技育人，以技服人"的工作核心理念，进一步提高实验教师师德建设思想认识，在细微处见师德，在日常生活中守师德，在平凡的工作岗位中养成师德自律的好习惯。

4 总结

新时期加强实验教师师德师风建设，既要持续激发实验教师的道德自律，也要着力构建有利于师德发展的长效机制，要把新形势下对师德的要求转化为实验教师内在的、长久的自觉行为；既要有明确的实验教师师德师风建设任务、目标和要求，也要建立起完善的实验教师师德师风监督评价机制，切实落实师德建设的责任制，完善师德建设的管理体制。良好的实验教师师德建设是教育发展和社会进步的重要保障，支部和实验室是加强和规范高校实验教师师德师风建设的主要阵地，对当今高校实现内涵式发展具有重要的现实意义。

参考文献：

[1] 王佩. 高校师德建设长效机制探索 [J]. 人才资源开发，2017 (6)：150-151.

[2] 肖利，刘惠莲，王光怀. 在实验教学中建立和谐的师生关系 [J]. 实验技术与管理，2008，25 (3)：13-15.

[3] 李佳玮，刘志东，郝存江，等. 新形势下高校实验教师队伍建设的问题及对策研究[J]. 实验技术与管理，2010，27（2）：150-152.

[4] 潘信吉. 实验教学示范中心可持续发展的研究与实践[J]. 实验技术与管理，2010，27（6）：111-113.

[5] 李海洲，张德勤. "工匠型"实验教师的内涵及其养成机制[J]. 实验室研究与探索，2020，288（2）：264-267.

浅谈高校行政管理人员职业发展

李钧涛

（北京农学院国有资产管理处，北京，102206）

摘要： 我国高校行政管理人员是高校师资队伍中的重要组成部分，与高校事业中的各个领域关系密切。但在实际的工作中，他们却面临着职业发展的种种困境。本文从现状出发指出目前存在的一些问题，并尝试性地给出解决建议，以期为高校行政管理人员在职业发展方面的变革提供一些思路。

关键词： 高校；行政管理人员；职业发展

高校行政管理人员是在高校内专职从事教学管理、行政管理、党务管理、学生管理、后勤管理等方面工作，肩负一定的组织、协调、管理职责，实现高校内部各种服务教学、科研中心工作的人员[1]。作为高校师资队伍的重要组成部分，他们为学校日常教育教学及科研工作的顺利开展提供着重要保障。然而，高校行政管理岗位与专职教师岗位不同，在职业发展和职称评定等方面存在着严格的限制，这些人员也没有足够的精力和条件去继续发展自己的原专业领域技能，更无法像专职教师岗位那样在工作中积累自己的科研经验。他们忙于处理日常繁杂的事务性工作，忙于协调各部门之间的关系，忙于填报数据表格和撰写工作报告，以及忙于完成领导分配下来的各种临时性工作[2]。这些工作周而复始，虽然重要但烦琐，很难形成可以公开发表的论文或科研成果，导致行政管理人员在高校这样以科研成果和文章为主要衡量个人价值的环境中无法脱颖而出。

对于高校管理岗位的评价，在社会上有两种截然不同的倾向。一类是肯定式评价，有人说这是一种含金量非常高的工作，有着高校教师的社会地位，享受着子女读书的便利条件，还有足够的假期可以自行安排，同时没有教学和科研压力，工作轻松，收入不错，又能够兼顾家庭。另外一类是否定式评价，很多人觉得在高校这样以教学和科研为主要任务的职业环境中，行政管理人员并非主流岗位，属于服务型边缘岗位，由于很多重要领导岗位依然是双肩挑的教师岗位人员占据，行政管理人员没有前途且晋升概率低，处于身份尴尬又事务繁忙的窘境，收入方面也只能算差强人意。虽然这两类评价都有偏颇之处，但在一定程度上也形象客观地反映了行政管理人员的处境，这也是很多行政管理人员既踌躇满志觉得无处施展，又犹豫不决却安于现状的根本原因。

接下来，简单讨论并概括一下目前高校行政管理人员的主要现状。

首先，自我认同感低，缺乏成就感。

高校行政管理岗位与其他政府、企事业单位的此类岗位不同，有其自身的特殊性，无法进驻高校核心位置，基本处于边缘化的状态。与政府、企事业单位的"正宗"行政人员相比，高校教育管理人员主要服务于高校的管理工作，虽有一定的行政级别或职务，但没有相应的行政权力与主体地位[3]。高校最突出的社会责任和社会任务是教学育人与科研创新，这就决定了教师岗位人员是高校的中流砥柱而深受重视，这是无可厚非的。相反地，行政管理岗位人员往往沦为跑腿打杂、循规蹈矩的纯粹的服务人员，即使在自己的岗位上兢兢业业、克己奉公，虽然也创造了极大的价值，但终究也换不来与之相匹配的认同感和成就感。经常听到有些人会说，发个通知能花多少时间？找领导签字能花多少时间？做个报表不就填几个数字么？部门协调不就打打电话么？但只有真正做这些工作的人知道，看似简单的事情其实非常耗时，看似简单的沟通协调却要花费很多精力和心思，况且行政类工作也不仅仅限于这些工作。因此，高校行政管理人员往往在工作几年后会有这种感觉，每当别人问起或书面总结工作内容时，常常不知从何说起，工作内容也看起来并不丰富和充实，连自己都觉得每年如此，周而复始，并没什么可说的，就更不用说想得到普遍认同以及自我成就感了。

其次，上升空间有限，发展路径单一。

在现行的高校管理岗位的制度中，绝大多数高校行政管理人员都面临着职业发展缓慢的尴尬，主要的上升途径也只有提高行政级别一条路，在职称晋升方面更是难上加难。即使是职务晋升这条路，在很大程度上也被专职教师岗位人员所占据，越来越多的高校中层领导职位倾向于高学历、高职称的教授"双肩挑"，挤占了原本就僧多粥少的中层管理岗位[1]。所以，很多行政管理人员经常会纠结到底要不要考博，考什么专业，读下来又能干嘛的问题，进而疑惑地继续问自己：读博到底是为了更好的职业发展，还是仅仅为了缓解焦虑。现在的高校行政管理人员招聘条件并不低，最低要求都是全日制硕士毕业，很多都是名牌大学毕业，甚至有不少还是博士，由于这些人在综合素质上与专职教师岗位人员并无很大差异，因此，在自我定位与职业发展预期上要求也是相当高的，很多人之所以接受管理岗位也存在着"缓兵之计"的想法：编制难得，先进入高校系统，然后再逐渐往教师岗位上转，但这条路现在基本是被卡死的。再说到职称晋升，中级职称是多数人的天花板，只有极个别人能够在退休前获得副高级职称，而且由于工作性质，可申请的管理类项目少之又少，还有相当一部分是为专职教师设置的，专业和工作不能结合，稍待时日便随之荒废。这也导致职称晋升缺少核心竞争力的文章和奖项，变成了很多人可望而不可及的尴尬选项。此外，行政人员的绩效考核制度，并不能有效量化其日常工作的贡献，也不能效仿专职教师岗位设置科研成果奖励机制的方式进行激励，收入仅仅停留于固定工资，因此，在工作热情上难免会存在"产生职业倦怠，积极性不高"的普遍现象。

在了解了高校行政管理人员的职业发展面临种种困境的情况下，我们更应客观看待这个问题，毕竟形成的现状涉及国家政策和社会环境、具体高校的单位管理机制以及个人因素等，想在短时间内一蹴而就地解决也不现实。但高校行政管理人员的职业发展也一定会随着高校的发展而发生变革，不论如何，高校发展与个人发展不存在矛盾，一定是朝着双赢的趋势进行。目前，我们有必要探讨一下解决此类问题的方式。

首先，客观看待现状，保持工作热情。

其实，对于高校行政管理人员的职业发展，我们身在其中更应该辩证地看它，目前的高校行政管理人员虽然具备了高学历高素质的优越条件，他们在选择行政岗位时也可能与求职时的机遇有关，也可能与职业规划有关。工作之后的好胜心强、不满足于现状虽然正常，但任何工作都有其自身的辛苦和压力，我们必须严肃对待自己的工作，抱着"是金子总会发光"的心态扎实提高业务能力，干好手上的每项工作。

其次，明确职业目标，加强纵向发展。

所谓"在其位谋其职"，我们广大高校行政管理人员既然选择了这样一条职业道路，如果没有足够的信心和能力再去改变它，那么，就接纳目前的管理体制，努力做好本职工作，夯实基础，务实创新，朝着更高的目标努力，毕竟这是目前最好的职业发展前景。虽然在我国目前的行政体制下，从科员到县处级干部的升迁比例仅为 4.4%，而处级升为厅局级的比例更是低至 1%，但接受现实去争取，不成功也可以坦然[4-5]。同时，在自己从事的领域，业务能力务必要向深层次发展，更专业的业务水平也是向上发展的必要条件。

再次，注重能力培养，拓展横向思维。

很多时候，我们在一个岗位上工作的时间久了，自然是业务精炼，轻车熟路，不用再花费很多时间和心思，但职务晋升时机却不是很明朗，这也难免会让人产生工作倦怠的情绪。那么，我们在这个时候就可以考虑更换一下岗位，在高校的行政管理岗中轮岗是普遍存在的，而且具有两个或更多同级别岗位工作经历，也是职务晋升的硬性要求。与此同时，我们接触的工作领域也得以拓宽，新的岗位也许更能让行政管理人员发挥优势进而脱颖而出。此外，有人说"工作在平时，发展靠业余"，这也形象地阐述了一个道理，我们想发展，就必须靠业余时间，可以有自己的追求，将自己的职业生涯延伸出去，开辟第二职业。

高校行政管理人员是现行高校体系中不可或缺的一部分，行政管理人员的专业性和积极性是影响高校发展的重要因素之一，也是实现高校肩负社会责任和实现社会价值的重要保证。关注高校行政管理人员职业发展的现状与诉求，探究其职业困境的解决策略与方法，促进高校行政管理人员职业生涯的健康发展，对于现代高等教育事业具有积极的现实意义。

参考文献：

[1] 吕剑红，李福生. 高校教育管理干部职业发展的困境与对策 [J]. 教育理论与实践，2012，32（15）：3-5.

[2] 欧雷. 整体智治下地方高校基层行政管理人员能力提升研究 [D]. 衡阳：南华大学，2022.

[3] 胡颖，廉叶岚. 大数据解读真实基层公务员 [J]. 决策探索（下半月），2014（5）：29.

[4] 陶厚永，郭茜茜. 中层管理者职业高原的诱因与干预策略 [J]. 湖北经济学院学报，2014，12（4）：89-94.

[5] 陈海敏. 官员心态解析 [J]. 浙江人大，2014（9）：63-66.

第六部分

实验技术与方法

高效液相色谱测定金银花中有效组分的含量

王建舫[1]　寇　钢[2]

(1. 北京农学院动物科学技术学院，北京，102206；
2. 北京市昌平区动物疫病预防控制中心，北京，102299)

摘要：用高效液相色谱，建立金银花中有效组分含量的检测方法。采用梯度洗脱方法，对金银花 75％甲醇提取液中新绿原酸、绿原酸、隐绿原酸、芦丁、木犀草苷、异绿原酸 B、异绿原酸 A、异绿原酸 C 8 种成分的含量进行研究，结果表明，各组分在各自范围内线性关系均良好（$R^2 > 0.999\ 0$）；平均回收率为 98.98％～102.84％（$n-6$）；RSD 为 0.90％～3.00％。该方法简单稳定，适合金银花中活性物质的定量测定。

关键词：金银花；高效液相色谱；绿原酸

金银花为忍冬科植物忍冬（*Lonicera japonica* Thunb.）的干燥花蕾或待初开的花。夏初花开放前采收，干燥[1]。金银花性寒，味苦。用于治疗痈肿疔疮、丹毒、热毒血痢、风热感冒[2]。现代药理研究表明，金银花具有抗病原微生物、解热抗炎[3]、降血糖[4]、降血脂[5]、提高免疫力[6]、止血、抗肿瘤[7] 等功效。截至目前，已检测出金银花包含的主要成分有：有机酸类化合物、三萜皂类化合物、黄酮类化合物、无机元素类等。其中黄酮类化合物中包括木犀草苷、丁香油酚、香叶醇、芦丁等；有机酸类化合物包括绿原酸、原儿茶酸、咖啡酸以及异绿原酸等成分[8]。研究者检测单一的化学成分类型较多，本试验旨在利用高效液相色谱（High Performance Liquid Chromatography，HPLC）同时测定金银花中新绿原酸、绿原酸、隐绿原酸、芦丁、木犀草苷、异绿原酸 B、异绿原酸 A、异绿原酸 C 的含量，以期为金银花及其相关制剂质量标准提供参考依据。

1　仪器和试验材料

1.1　仪器

高效液相色谱仪（美国沃特世公司，E2695）；二极管阵列检测器（美国沃特世公司，2998）；超声波清洗器（昆山市超声仪器有限公司，KQ600E）；

真空泵（天津市津腾实验设备有限公司，GM 0.33A）；天平（梅特勒-托利多公司，XS205）；纯水仪（上海力新仪器有限公司，NW30VFE）。

1.2 试验材料

标准品：新绿原酸（批号：16031121）、绿原酸（批号：14031321）、隐绿原酸（批号：16030331）、芦丁（批号：14061322）、木犀草苷（批号：15073023）、异绿原酸 B（批号：15111921）、异绿原酸 A（批号：15111925）和异绿原酸 C（批号：15081422）购自上海同田生物技术有限公司；乙腈（色谱醇）和甲醇（色谱纯）购自天津市精细化工研究所。金银花样品信息见表 1-1，经北京农学院兽医学（中医药）北京市重点实验室穆祥教授鉴定。

表 1-1 金银花样品产地信息

批次	产地	批次	产地
1	河南	6	山东平邑
2	山东临沂	7	河南封丘
3	河南封丘	8	河北邢台
4	河北巨鹿	9	山东平邑
5	山东平邑	10	河北巨鹿

2 试验方法

2.1 对照品溶液的制备

对照品溶液 A 的配置精密称取 2.18mg 新绿原酸、1.05mg 隐绿原酸、4.04mg 芦丁、2.42mg 木犀草苷、1.53mg 异绿原酸 B，放入 250mL 棕色容量瓶中，用甲醇溶液定容，溶解，混匀，命名为溶液 1。精密称取 1.94mg 异绿原酸 C，放入 50mL 棕色容量瓶中，加入溶液 1 定容，混合，混匀，命名为溶液 2。分别称取 6.16mg 绿原酸和 2.86mg 异绿原酸 A，放入 25mL 棕色容量瓶中，加入溶液 2，定容，混合，混匀。制成 8 种混合对照品溶液，即对照品溶液 A。其中各对照品的浓度分别为：新绿原酸 0.008 7μg/μL、绿原酸 0.246 0μg/μL、隐绿原酸 0.004 2μg/μL、芦丁 0.016 2μg/μL、木犀草苷 0.009 7μg/μL、异绿原酸 B 0.006 1μg/μL、异绿原酸 A 0.114 4μg/μL、异绿原酸 C 0.038 8μg/μL。

2.2 金银花样品溶液的制备

金银花粉碎后，过 3 号筛（孔径 270μm），称取金银花粉末约 0.25g，置于 50mL 具塞锥形瓶中，加 75%甲醇 10mL，称定重量，超声处理（功率 600W，频率 40KHZ，温度 40℃），30min，放冷，称定重量，用 75%甲醇补足损失重量，摇匀，过滤，待用，取续滤液过 0.22μm 的有机滤膜，即得供试品溶液 B。

2.3 色谱条件

检测器：二极管阵列检测器；色谱柱：YMC-Pack ODS-A C18 色谱柱（150mm×4.6mm，5μm）；流动相为乙腈和 0.6% 乙酸；乙腈：8%～28%，0～30min；0.6% 乙酸：72%～92%，0～30min；检测波长：330nm；流速：1.0mL/min；柱温：25℃。

3 结果

3.1 专属性试验

精密吸取对照品溶液 A 及供试品溶液 B 各 10μL，按"2.3"项下色谱条件分析，结果见图 3-1，两种溶液相邻色谱峰的分离度均大于 1.5，在每种对照品相应的保留时间处，样品都有相应的色谱峰出现。

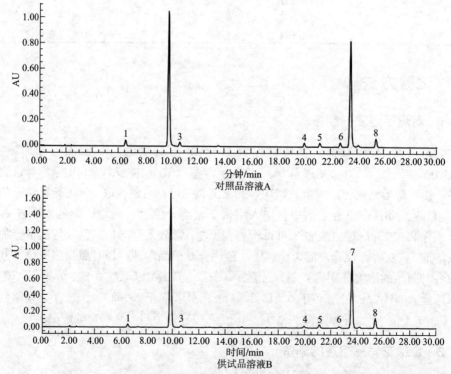

图 3-1 对照品溶液 A 和供试品溶液 B 的 HPLC 色谱图

1. 新绿原酸；2. 绿原酸；3. 隐绿原酸；4. 芦丁；5. 木犀草苷；6. 异绿原酸 B；

7. 异绿原酸 A；8. 异绿原酸 C

3.2 线性关系考察

分别吸取对照品溶液 A 2.5μL、5μL、10μL、15μL、20μL、25μL 注入液相色谱仪。按 "2.3" 项下色谱条件进样测定。以进样量（μg）为横坐标（x），以各成分色谱峰峰面积积分值为纵坐标（y）绘制标准曲线。回归方程见表 3 - 1，说明 8 种成分在各自范围内线性关系良好。

表 3 - 1　各成分线性关系

成分	回归方程	线性范围（μg）	R^2
新绿原酸	$y = 3E + 06x - 5\,972$	0.021 8~0.218 0	1.000 0
绿原酸	$y = 3E + 06x - 47\,643$	0.615 0~6.150 0	0.999 8
隐绿原酸	$y = 4E + 06x - 7\,252$	0.010 5~0.105 0	0.999 6
芦丁	$y = 1E + 06x - 5\,498$	0.040 4~0.404 0	0.999 9
木犀草苷	$y = 2E + 06x - 6\,735$	0.024 2~0.242 0	0.999 7
异绿原酸 B	$y = 4E + 06x - 9\,976$	0.015 3~0.153 0	0.999 9
异绿原酸 A	$y = 5E + 06x - 60\,483$	0.286 3~2.863 0	0.999 9
异绿原酸 C	$y = 3E + 06x - 34\,806$	0.096 8~0.968 0	0.999 9

3.3 精密度试验

取对照品溶液 A，进样 10μL，注入色谱仪，连续进样 6 次，记录各组分色谱峰峰面积，各成分相对标准偏差（Relative Standard Deviation，RSD）为 0.21%~1.07%，说明仪器精密度良好。

3.4 重复性试验

取供试品溶液 B，进样 10μL，注入色谱仪，连续进样 6 次，记录各组分色谱峰峰面积，各成分 RSD 为 0.35%~1.59%，表示 8 种组分的重复性良好。

3.5 溶液稳定性试验

取金银花 75% 甲醇供试品溶液 B，分别于 0h、2h、4h、8h、12h 和 24h 进样 10μL，记录色谱图，计算各成分色谱峰峰面积，结果 8 种有效成分峰面积 RSD 为 0.50%~2.43%，表明样品溶液在 24h 内稳定。

3.6 加样回收率试验

量取已测定 8 种有效成分含量的 75% 甲醇供试品溶液 6 份，每份 2.5mL，置 5mL 棕色容量瓶中，分别加入对照品 A 溶液 2.5mL，在 "2.3" 项条件下，

进样 $10\mu L$ 注入色谱仪。计算各组分的加样回收率，结果见表 3-2。

表 3-2　加样回收率试验结果（$n=6$）

成分	样品量/ g	原有量/ mg	加入量/ mg	测得量/ mg	回收率/ %	平均回收率/ %	RSD/ %
新绿原酸	0.998 1	0.034 5	0.021 7	0.055 9	98.61	100.31	1.62
	1.000 6	0.035 0	0.021 7	0.057 2	102.35		
	0.999 8	0.035 2	0.021 7	0.056 9	99.95		
	0.995 9	0.035 0	0.021 7	0.057 1	101.57		
	1.003 0	0.034 9	0.021 7	0.056 3	98.34		
	1.004 0	0.034 6	0.021 7	0.056 5	101.06		
绿原酸	0.998 1	1.141 1	1.260 0	2.367 6	97.34	101.30	2.61
	1.000 6	1.137 4	1.260 0	2.433 2	102.84		
	0.999 8	1.133 9	1.260 0	2.430 5	102.90		
	0.995 9	1.135 7	1.260 0	2.434 0	103.04		
	1.003 0	1.134 1	1.260 0	2.375 2	98.50		
	1.004 0	1.132 6	1.260 0	2.432 6	103.17		
隐绿原酸	0.998 1	0.015 5	0.010 5	0.025 8	98.10	100.43	2.11
	1.000 6	0.016 0	0.010 5	0.026 5	99.62		
	0.999 8	0.015 4	0.010 5	0.025 7	98.29		
	0.995 9	0.015 4	0.010 5	0.026 2	102.86		
	1.003 0	0.015 8	0.010 5	0.026 4	100.95		
	1.004 0	0.015 3	0.010 5	0.026 1	102.76		
芦丁	0.998 1	0.049 1	0.040 2	0.089 1	99.41	100.09	3.32
	1.000 6	0.049 1	0.040 2	0.090 6	103.34		
	0.999 8	0.050 0	0.040 2	0.089 5	97.31		
	0.995 9	0.048 5	0.040 2	0.090 7	104.93		
	1.003 0	0.050 0	0.040 2	0.088 8	96.67		
	1.004 0	0.048 8	0.040 2	0.088 5	98.91		
木犀草苷	0.998 1	0.048 1	0.024 0	0.071 0	95.42	100.64	3.35
	1.000 6	0.049 4	0.024 0	0.074 1	102.88		
	0.999 8	0.046 7	0.024 0	0.071 3	102.46		
	0.995 9	0.049 7	0.024 0	0.073 5	99.29		
	1.003 0	0.049 6	0.024 0	0.073 4	99.04		
	1.004 0	0.048 9	0.024 0	0.074 0	104.75		

（续）

成分	样品量/ g	原有量/ mg	加入量/ mg	测得量/ mg	回收率/ %	平均回收率/ %	RSD/ %
异绿原酸 B	0.998 1	0.014 4	0.015 2	0.029 9	101.97	98.98	4.11
	1.000 6	0.015 5	0.015 2	0.029 9	95.07		
	0.999 8	0.015 5	0.015 2	0.030 0	95.72		
	0.995 9	0.015 8	0.015 2	0.031 2	101.5		
	1.003 0	0.015 4	0.015 2	0.029 9	95.33		
	1.004 0	0.015 4	0.015 2	0.031 3	104.28		
异绿原酸 A	0.998 1	0.638 1	0.620 0	1.268 8	101.67	100.76	0.90
	1.000 6	0.642 3	0.620 0	1.260 1	99.67		
	0.999 8	0.635 9	0.620 0	1.258 4	100.40		
	0.995 9	0.639 6	0.620 0	1.258 5	99.83		
	1.003 0	0.641 4	0.620 0	1.270 8	101.46		
	1.004 0	0.635 5	0.620 0	1.265 3	101.55		
异绿原酸 C	0.998 1	0.105 5	0.118 0	0.226 2	102.29	102.84	1.29
	1.000 6	0.105 0	0.118 0	0.228 6	104.75		
	0.999 8	0.104 0	0.118 0	0.227 0	104.24		
	0.995 9	0.105 0	0.118 0	0.225 5	102.12		
	1.003 0	0.105 7	0.118 0	0.225 4	101.44		
	1.004 0	0.105 6	0.118 0	0.226 2	102.20		

3.7　含量测定

　　10 批金银花样品，每批 3 个重复，用高效液相色谱仪进行测定，金银花中新绿原酸、绿原酸、隐绿原酸、芦丁、木犀草苷、异绿原酸 B、异绿原酸 A、异绿原酸 C 含量见表 3-3。10 批金银花样品均表现为绿原酸含量最高，含量为 26.93~31.90mg/g；异绿原酸 A 含量次之，含量为 9.50~13.97mg/g；异绿原酸 C 居第三位，含量为 1.33~2.41mg/g；其他成分含量最大为 1.4mg/g。10 批样品的 RSD 均符合标准。

表 3-3　金银花中 8 种成分的测定结果（$n=3$）

成分	批次	1	2	3	4	5	6	7	8	9	10
新绿原酸	平均值/ mg/g	0.68	0.73	0.74	0.65	0.69	0.65	0.63	0.80	0.65	0.78
	RSD/%	0.15	1.30	0.45	1.91	0.55	0.52	0.18	0.78	0.13	0.09

（续）

成分	批次	1	2	3	4	5	6	7	8	9	10
绿原酸	平均值/mg/g	31.64	27.49	26.93	28.48	31.15	31.23	27.74	31.90	28.49	27.63
	RSD/%	0.34	0.32	0.13	0.70	0.41	0.17	0.12	0.16	0.33	0.25
隐绿原酸	平均值/mg/g	0.25	0.25	0.29	0.23	0.21	0.31	0.19	0.33	0.22	0.42
	RSD/%	0.60	2.17	0.84	1.01	1.41	1.62	3.81	2.44	0.44	0.81
芦丁	平均值/mg/g	0.82	1.14	0.92	0.91	0.69	1.10	1.40	1.03	1.05	0.97
	RSD/%	0.28	2.37	0.56	0.34	1.77	0.41	1.07	2.28	0.29	0.03
木犀草苷	平均值/mg/g	0.74	0.81	0.59	0.67	0.68	0.73	0.91	0.85	0.78	0.84
	RSD/%	1.33	1.52	1.42	0.78	0.18	1.87	0.20	1.89	0.48	1.91
异绿原酸B	平均值/mg/g	0.28	0.29	0.31	0.26	0.24	0.30	0.17	0.39	0.25	0.44
	RSD/%	0.54	3.19	2.78	0.22	1.11	1.81	5.85	1.26	1.74	1.92
异绿原酸A	平均值/mg/g	10.63	12.30	11.52	11.43	12.04	10.72	9.50	13.97	10.20	11.55
	RSD/%	0.07	0.17	0.22	0.30	0.48	0.38	0.16	0.22	0.12	0.19
异绿原酸C	平均值/mg/g	1.81	1.78	2.12	1.73	1.83	1.95	1.33	2.40	1.86	2.41
	RSD/%	0.42	0.28	0.26	0.37	0.66	1.95	1.40	1.20	0.91	1.12

4 讨论

4.1 提取流动相选择

本试验用不同浓度的甲醇（100％甲醇，75％甲醇，50％甲醇）超声提取（40℃，40min）金银花粉末中各组分后，用高效液相色谱测定各组分的含量。在其他条件不变时，各组分中单个组分含量随着峰面积的增大而增大，故本试验可以用峰面积的大小代表单个组分的含量的多少。用75％甲醇提取后，新绿原酸、绿原酸、隐绿原酸、芦丁、木犀草苷、异绿原酸B、异绿原酸A和异绿原酸C的峰面积均大于100％甲醇、70％甲醇和50％甲醇相应的峰面积，说明用75％甲醇为提取溶剂时，所测各有效成分提取效率最高，故本试验选用

75％甲醇作为提取溶剂。

4.2 本试验方法的优点

本试验所用方法测得 10 批金银花中绿原酸、酚酸类、木犀草苷的含量分别为 26.93～31.90mg/g、39.56～49.79mg/g 和 0.59～0.91mg/g，换算后分别为 2.69％～3.19％、3.96％～4.98％和 0.06％～0.09％。这一结果高于《中国药典》2020 版中"按干燥品计算，含绿原酸不得少于 1.5％""含酚酸类不得少于 3.8％""含木犀草苷不得少于 0.050％"的标准，说明该方法的有效性和确实性。另外，本试验在一个色谱条件下可以同时检测金银花中绿原酸、酚酸类和木犀草苷的含量，优于《中国药典》2020 版中的 2 个色谱条件，既简化了试验步骤又节约了时间和耗材成本。

4.3 本试验方法的优点

本试验所用方法测得 10 批金银花中绿原酸、酚酸类、木犀草苷的含量分别为 26.93～31.90mg/g、39.56～49.79mg/g 和 0.59～0.91mg/g，换算后分别为 2.69％～3.19％、3.96％～4.98％和 0.06％～0.09％。这一结果高于《中国药典》2020 版中"按干燥品计算，含绿原酸不得少于 1.5％""含酚酸类不得少于 3.8％""含木犀草苷不得少于 0.050％"的标准，说明该方法的有效性和确实性。另外，本试验在一个色谱条件下可以同时检测金银花中绿原酸、酚酸类和木犀草苷的含量，优于《中国药典》2020 版中的 2 个色谱条件，既简化了试验步骤又节约了时间和耗材成本。

5 小结

本试验采用高效液相色谱和二极管阵列检测器联用的方法检测了 10 批金银花 75％甲醇提取液中新绿原酸、绿原酸、隐绿原酸、芦丁、木犀草苷等 8 种有效成分的含量，通过方法学比对，表明该方法简便、有效、良好，可以作为同时检测金银花中多种有效成分的方法之一。

参考文献：

[1] 国家药典委员会. 中华人民共和国药典一部：2020 年版 [M]. 北京：中国医药科技出版社，2020.

[2] 宋亚玲，倪付勇，赵祎武，等. 金银花化学成分研究进展 [J]. 中草药，2014，45 (24)：3656-3664.

[3] 吴娇，王聪，于海川. 金银花中的化学成分及其药理作用研究进展 [J]. 中国实验方剂

学杂志，2019，25（4）：225-234.

［4］陈晓麟．金银花水提取液对糖代谢影响的体外试验研究［J］．时珍国医国药，2010，21（3）：628-629.

［5］王强，陈东辉，邓文龙．金银花提取物对血脂与血糖的影响［J］．中药药理与临床，2007，23（3）：40.

［6］毛淑敏，许家珍，焦方文，等．金银花多糖对免疫低下小鼠免疫功能的影响［J］．辽宁中医药大学学报，2016，18（2）：l8-22.

［7］刘玉国，刘玉红，蒋海强．金银花多糖对小鼠 S180 肉瘤的抑制作用与机制研究［J］．肿瘤学杂志，2012，18（8）：584-588.

［8］宋亚玲，倪付勇，赵祎武，等．金银花化学成分研究进展［J］．中草药，2014，45（24）：3656-3664.

同时蒸馏萃取和固相微萃取法分析
西伯利亚百合香气成分

李美嬉　杨　柳

（北京农学院，北京，102206）

摘要： 应用同时蒸馏萃取法和固相微萃取法测定了西伯利亚百合香气成分，其中固相微萃取法共鉴定出 120 种物质，以 3，7-二甲基-3-羟基-1，6-辛二烯、2-甲氧基-4-（1-丙烯基）苯酚含量较高。同时蒸馏萃取法鉴定出 23 种物质，与固相微萃取成分大致相同，但分析周期长，检测出的物质较少。固相微萃取法操作更为简便，测出的物质较为丰富，在分析西伯利亚百合花香气成分时更具优势。

关键词： 固相微萃取；同时蒸馏萃取；西伯利亚百合

百合（*Lilium brownii var. viridulum*）为多年生草本，花期 6—8 月，果期 9 月，生于土壤肥厚的林边或草丛中，全国大部分地区均有栽培，为卫生部首批颁发的药食兼用植物之一[1]，在我国常将其鳞茎加工成中草药和各种保健食品。《中华人民共和国药典》记载[2]，百合性微寒，味甘、淡。现代药理研究证明，百合在润肺止咳、滋养清热、清心安神、抗疲劳与耐缺氧、保护黏膜及抑制迟发过敏性反应等方面均具有显著效果。

测定植物挥发性气味的组成对于生产生活都有着越来越重大的意义，不仅能探究某些物质的特殊香味的成分与形成机理，还在精油提取和香水制作等工艺上有较大的贡献与技术支持。另外通过测定花卉的香气成分，比较不同品种间的差异，是花卉栽培育种工作者常用的技术手段[3-7]。

目前测定香气的方法有很多，其中同时蒸馏萃取法，是利用萃取和蒸馏的原理，将待测的香气成分用有机物萃取出来，通过浓缩等步骤，利用气质联用仪进行定性定量分析。固相微萃取法（SPME）测定香气成分是近年来广泛使用的方法。它摒弃了处理复杂样品时传统的溶剂提取操作步骤，将萃取、浓缩、解吸、进样等功能集于一体，灵敏度高且操作简便，一经问世便受到了分析化学工作者的关注，成为样品制备方法的热门课题。本试验通过同时蒸馏萃取法和固相微萃取法分别定性定量测定了西伯利亚百合花的香气成分，并对两种方法进行了比较，揭示西伯利亚百合香气成分的组成[8-14]。

1 试验材料与方法

1.1 仪器

气质联用仪（Agilent Technologies 6890N network GC system；Agilent 5973 Network Mass selective Detector）；100μm/PDMS 纤维萃取头（SUPELCO，非极性的聚二甲基硅氧烷）；85μm/PA 纤维萃取头（SUPELCO，聚丙烯酸酯）；75μm/CAR/PDMS 部分交联萃取头（SUPELCO，部分交联聚二甲基硅烷）；进样器（SUPELCO）；同时蒸馏萃取装置；加热器（CORNING）；天平（Sartorius BS223S Max 220g d＝0.001）；KD 浓缩装置。

1.2 药品和材料

1.2.1 药品
氯化钠；二氯甲烷

1.2.2 材料
西伯利亚百合（北京农学院花卉基地）

1.3 气质联用仪的条件设定

1.3.1 色谱条件的设定
色谱柱：HP-35 石英弹性毛细管柱（0.25mm×30m×0.25μm）。
载气：氦气，恒流模式：0.8mL/min，不分流进样。
进样口温度：230℃。
程序升温过程：从初始温度 40℃ 开始升温，以每分钟 4℃ 的速率升高到 150℃，并保持此温度 5min，再以每分钟 6℃ 的升温速率升高温度到 220℃，达到 220℃时保持 10min，总共运行时间为 54.17min。

1.3.2 质谱条件的设定
载气：氦气（纯度＞99.99％）。
电离方式：EI。
电离能量：70eV。
传输线温度：250℃。
离子源温度：230℃。
质量范围：40～450amu。
使用 NIST08 谱库图谱检索进行定性。

1.4 试验操作步骤

1.4.1 同时蒸馏萃取

称取 80g 西伯利亚百合花，充分剪碎，放入大烧瓶中，加入 600mL 水和 200g NaCl（盐析）、沸石混匀。组装好同时蒸馏萃取装置，收集瓶中装入适量的二氯甲烷。打开冷凝水，加热装置设置为 240℃，沸腾后反应 2h。回收二氯甲烷，萃取的提取物，置于 KD 浓缩装置中，进行浓缩。用注射器吸取浓缩液，过 $0.22\mu m$ 的过滤膜，装入棕色进样瓶中。用进样针吸取 $2\mu L$ 样品，注入气质联用仪的进样口，进行定性定量分析。

1.4.2 固相微萃取

取西伯利亚百合花，用剪刀剪碎置于研钵中，捣碎。研磨时加入大约 2g NaCl（有利于盐析，香味更易于释放）。取干净、干燥的顶空瓶，分别称取两份 5g 的样品，并用锡箔纸密封（防止外界环境气味干扰，使香气吸附充分），盖上盖子，置于 45℃ 水浴中温浴，将固相微萃取针穿过锡纸，推出萃取吸附头，悬空于样品上吸附 60min。随后将萃取拔出，插入气质联用仪的进样口中，脱附 5min 后进样，进行定性定量分析。

2 试验结果

2.1 同时蒸馏萃取的结果分析（图 2-1）

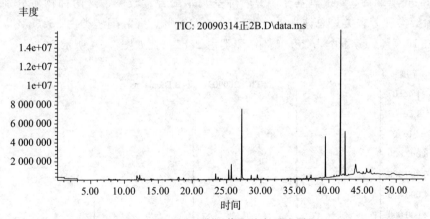

图 2-1 同时蒸馏萃取总离子流图

同时蒸馏萃取试验花朵用量较大，所以试验中用的大多为盛开期的百合花。从试验数据可以看出，3，7-二甲基-3-羟基-1，6-辛二烯占 22.56.79%，2-甲氧基-4-（1-丙烯基）苯酚占 12.11%，烷烃类占总检量的 26.38%，醇醛酮醚类占 6.41％，芳香类占 40.19％，萜类占 8.73％，酯类占 12.08％。如图 2－2 所示。

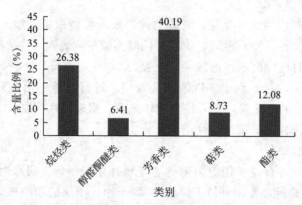

图 2－2　同时蒸馏萃取鉴定的花香成分

2.2　固相微萃取分析百合香气成分的结果（图 2－3）

从固相微萃取的数据来看，西伯利亚百合香气的主要成分是：3，7-二甲基-1，3，6-辛三烯占 3.86％，5-乙基-1-醛-环占 2.05％，3，7-二甲基-3-羟基-1，6-辛二烯占 40.79％，2-甲氧基-4-甲基苯酚占 2.36％，2-甲氧基-4-（1-丙烯基）苯酚占 14.84％，苯甲酸-2 羟基-苯甲酯占 3.84％。其中 3，7-二甲基-3-羟基-1，6-辛二烯、2-甲氧基-4-（1-丙烯基）苯酚含量较高，这两种物质分别属于烯醇类和芳香类。总体来看，烷烃类占 7.04％，醇醛酮醚类占 55.66％，萜类占 16.7％，芳香类占 28.95％，酯类占 2.81％，如图 2－4 所示。

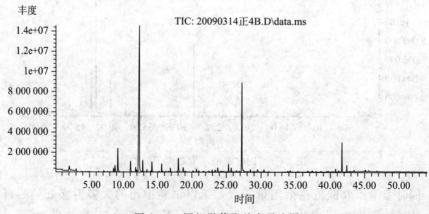

图 2－3　固相微萃取总离子流图

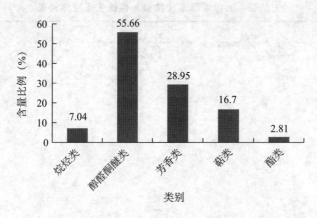

图 2-4　固相微萃取鉴定的花香成分

3　讨论

3.1　固相微萃取法的试验条件优化

固相微萃取法待讨论的试验条件有：萃取时间、萃取温度、萃取头的选取。由于萃取步骤是固相微萃取试验的核心部分，所以以上的讨论条件都会直接影响试验的结果。萃取是一个动态的吸附平衡过程，由此可知，一个动态的平衡，萃取的时间影响着反应是否最大量的完成；萃取的温度控制反应的速率，即达到平衡时的优化时间；萃取头有多种萃取吸附涂层，就其吸附材料及其涂层厚度不同而被用于不同物质的萃取。因此这三个因素对于固相微萃取这一步有着很大影响，所以本试验首先讨论了这些因素的最佳搭配组合。采用了正交试验的方法，详见下列正交表（表 3-1，表 3-2）。

表 3-1　固相微萃取条件优化因素

	1	2	3
A：萃取温度	45	55	60
B：萃取时间	30	60	90
C：萃取头	白色（PA） 聚丙烯酸酯 100μm	红色（PDMS） 非极性的聚二甲基硅氧烷 85μm	黑色（CAR/PDMS） 部分交联聚二甲基硅烷 75μm

正交试验中，当萃取温度达到 60℃ 时，萃取头上硅类物质可与香气物质结合，所以温度不宜再升高，萃取温度以 60℃ 为止。试验条件从节能、便捷出发，选择萃取时间较长的 60min 的方案，从而确定试验的优化条件：在 45℃ 的水浴中，利用 100μm/PDMS 纤维萃取头，顶空萃取 60min。

表 3 - 2　固相微萃取法试验条件优化正交分析表

试验序号	A	B	C	检测峰个数
1	1	1	1	33
2	1	2	2	116
3	1	3	3	59
4	2	1	2	68
5	2	2	3	95
6	2	3	1	80
7	3	1	3	50
8	3	2	1	92
9	3	3	2	93

3.2　同时蒸馏萃取法与固相微萃取法分析结果比较

固相微萃取试验中，共检出 120 种物质，其中 3，7-二甲基-3-羟基-1，6-辛二烯、2-甲氧基-4-（1-丙烯基）苯酚含量较高。总体来看，烷烃类占 7.04％，醇醛酮醚类占 55.66％，萜类占 16.7％，芳香类占 28.95％，酯类占 2.81％。同时蒸馏萃取法测定香气成分，检出 25 个峰，鉴定出 23 种物质。与固相微萃取结果相比，大组分含量大致相同。其中 3，7-二甲基-3-羟基-1，6-辛二烯、2-甲氧基-4-（1-丙烯基）苯酚这两种组分含量较高，且芳香类物质都占了较大的组分。

4　小结

西伯利亚百合香气成分以 3，7-二甲基-3-羟基-1，6-辛二烯和 2-甲氧基-4-（1-丙烯基）苯酚为主，两种方法比较发现，同时蒸馏萃取法的试验材料耗费较多，分析周期长，检测出的物质较少。与此相比，固相微萃取法操作较为简便，处理样品简单，测出的物质较为丰富，测量结果可信度高，是一个方便快捷的检测手段。所以分析西伯利亚百合花香气成分时固相微萃取法更有优势。

参考文献：

[1] 中华人民共和国卫生部．既是食品又是药品的物品名单．http://www.nhc.gov.cn/sps.

[2] 国家药典委员会中华人民共和国药典二部［M］．北京：中国医药科技出版社，2020.

[3] 江桂斌．环境样品前处理技术［M］．北京：化学工业出版社，2004.

[4] 张德明，徐荣，林细萍等．固相微萃取/气质联用测定水中五种异味有机物［J］．中国

给水排水，2006（10）：81-83.

[5] 罗世霞，朱淮武，张笑一．固相微萃取-气相色谱法联用分析饮用水源水中的16种多环芳烃 [J]．农业环境科学学报，2008（1）：395-400.

[6] 杨敏，周围，魏玉梅．桃品种间香气成分的固相微萃取-气质联用分析 [J]．食品科学，2008（5）：389-392.

[7] 刘圆，齐红岩，王宝驹等．不同品种甜瓜果实成熟过程中香气物质动态分析 [J]．华北农学报，2008（2）：49-54.

[8] 沈宏林，向能军，许永等．顶空固相微萃取-气相色谱-质谱联用分析麦冬中有机挥发物 [J]．分析试验室，2009，28（4）：88-92.

[9] 胡国栋．固相微萃取技术的进展及其在食品分析中应用的现状 [J]．色谱，2009，27（1）：1-8.

[10] 亓顺平，翁新楚．豆腐挥发性风味成分的研究 [J]．上海大学学报（自然科学版），2008（1）：100-105.

[11] 孔祥虹．固相微萃取-气相色谱法测定浓缩苹果汁中的8种有机磷农药残留 [J]．食品科学，2009，30（2）：196-200.

[12] 曾庆孝，江津津，阮征等．固相微萃取和同时蒸馏萃取分析鱼露的风味成分 [J]．食品工业科技，2008（1）：84-87. DOI：10.13386/j. issn1002-0306.2008.01.046.

[13] 刘扬岷，王利平，袁身淑等．固相微萃取气质联用分析白兰花的香气成分 [J]．无锡轻工大学学报，2001（4）：427-429，444.

[14] 赵超，杨再波，肖利强等．固相微萃取技术/气相色谱/质谱分析水菖蒲挥发性化学成分 [J]．中华中医药杂志，2009，24（4）：464-467.

一种有效清洗电镜物镜可动光阑的方法

杨　瑞　王建立　杨宇轩　杨　柳　于春欣

（北京农学院农业应用新技术北京市重点实验室，北京，102206）

摘要： 本文研究了一种有效清洗电镜物镜可动光阑的方法。包括：将电镜配件放入碱液中，超声清洗 10～30min 至表面光亮；将经碱液清洗后的电镜配件放到超纯水中，超声清洗 5～10min；最后将清洗后的电镜配件放入无水乙醇中，超声清洗 5～10min，取出，吹干即可。通过实验筛选出合适浓度的碱液，采用所述碱液对电镜配件进行清洗维护，可以清除常规方法有机溶剂未能清洗掉的污物，其碱溶液清洗效果要好于有机溶剂，同时操作简单，成本低，易清洗，效果好。同时碱液也适用于电镜其他配件如灯丝盖片的清洗维护，可以清洗掉抛光膏未能清洗掉的污物，适用范围较广。

关键词： 电子显微镜；维护；光阑；清洗方法

1　背景技术

电子显微镜作为常规大型精密仪器，是微观观察的有力工具，正越来越迅速、广泛地应用于冶金、矿物、化工、医药、生物、食品、纳米材料等领域。物镜光阑是电镜重要组成配件，安装在电镜上部，位于高真空区域，但由于电子束的轰击、真空度的下降、扩散泵的返油、样品的蒸发和脱落等原因，长期使用后镜体会被污染。轻则造成像质不佳，严重的造成电镜不能正常工作，所以一般每工作一段时间（1～2年）都应该对其局部进行清洗维护或者更换[1]。但由于电镜结构复杂，许多用户因更换成本高或对镜体内部结构不甚了解，清洗难度较大，多年不清洗，致使电镜性能明显下降。实践表明，做好电镜配件日常维护和清洗，可提高其各部件的使用寿命[2]。目前各电镜实验室和各厂家工程师常用的清洗方式是用丙酮和乙醇超声清洗，但对于污染比较大的可动光阑，清洗效果不尽如人意；用棉签蘸取少量抛光膏擦拭，不适合可动光阑，同时进口抛光膏价格也不菲；用喷度仪木舟干烧法[3]，一般实验室都不具备该条件，操作起来费时、费力和费钱，同时清洗不当还会带来更大的负面影响；如长久污染后的光阑直接更换，更换成本相对较高。

本实验的目的在于提供一种清洗电镜配件（如物镜可动光阑）的方法。仪器管理者以已使用过的废旧光阑片作为测试品，筛选不同配方溶液对电镜光阑片的清洗效果，找到最佳有效清洗电镜物镜可动光阑的方法，同时应用于电镜其他配件（扫描电子显微镜灯丝盖片）的清洗，为电镜清洗维护提供一个简单有效成本低的方法。

2 材料与方法

2.1 材料与仪器

试剂及耗材：丙酮，无水乙醇，氢氧化钠，蒸馏水，烧杯，玻璃棒，棉签，吸耳球，手套。

仪器：超声清洗仪，透射电子显微镜（H7650 日立）。

2.2 实验方法

本实验所提供的清洗电镜配件方法，包括物镜可动光阑和扫描电子显微镜灯丝盖片，所述方法包括如下步骤：

2.2.1 不同浓度的碱溶液对电镜物镜光阑清洗效果的比较

（1）称取一定质量的 NaOH，加入 30mL 的蒸馏水中充分溶解。分别再稀释成 3 个浓度，分别为 0.125mol/L、0.25mol/L、0.625mol/L；

（2）用镊子将 3 个废旧电镜物镜光阑片依次加入盛有 3 个浓度 NaOH 水溶液的烧杯中，观察光阑表面是否有变化，并超声清洗 10min；

（3）将电镜物镜光阑片取出，放到装有超纯水的烧杯里，超声清洗 5min；

（4）最后将光阑片放到装有无水乙醇的烧杯里，超声清洗 10min，取出后用洗耳球吹干，观察光阑表面是否有变化。

2.2.2 分别采用碱溶液和有机溶剂对电镜物镜光阑进行清洗的效果比较

方法 1：碱溶液清洗

（1）称取一定质量的 NaOH，加入 30mL 的蒸馏水中充分溶解，得到浓度为 0.25mol/L 的碱溶液；

（2）用干净无污染的镊子夹住可动光阑边缘，轻轻放入盛有 NaOH 溶液的烧杯中，超声清洗 20min；

（3）观察光阑表面是否光亮，如表面仍有部分污物，继续超声清洗 10min直到光阑表面光亮停止清洗；

（4）放到装有超纯水的烧杯里，超声清洗 5min；

（5）最后将可动光阑放到装有无水乙醇的烧杯里，超声清洗 10min，取出后用洗耳球吹干，即可。

方法 2：有机溶剂清洗

透射电子显微镜物镜光阑采用有机溶剂清洗法日常维护清洗

（1）用干净无污染的镊子夹住可动光阑边缘，轻轻放入盛有丙酮溶液的烧杯中，超声清洗 20min；

（2）观察可动光阑表面是否光亮，如表面仍有部分污物，继续超声清洗 10min；

（3）最后，将可动光阑放到装有无水乙醇的烧杯里，超声清洗 10min，取出后用洗耳球吹干。

透射电子显微镜镜检，加速电压为 80kV，放大倍率在 1 000 倍，检查可动光阑的清洗状况，对可动光阑边缘在荧光屏上的成像进行污染程度的观察。

方法 3：碱溶液清洗配方在扫描电子显微镜灯丝盖片的日常维护清洗中的应用

有机溶剂清洗步骤：

（1）取竹签裹上长纤维纸蘸上无水乙醇用抛光膏擦干净，再和抛光膏混合后反复研磨灯丝盖片；

（2）用无水乙醇擦拭经抛光膏清洁过的零件，并用干净的棉花棒擦干净；

（3）再用干净无污染的镊子夹住灯丝盖片边缘，轻轻放入盛有无水乙醇溶液的烧杯中，超声清洗 20min；

（4）观察灯丝盖表面的清洗状况，若无清洗干净，继续超声清洗 10min。到时间后，将零件取出放到无尘布上，用洗耳球把零件吹干。

3 结果分析

碱溶液浓度不同，对光阑片表面的清洗效果不同，如图 3-1A，用较低浓度 0.125mol/L 碱溶液清洗第一个光阑片，在给定时间 10min 内，光阑片表面未有明显变化，表面污物仍然存在，未达到清洗效果。用 0.25mol/L 碱溶液清洗第二个光阑片（图 3-1B），光阑片表面有逐步变化的过程，同时表面彩色的氧化层被清洗，达到清洗效果。用 0.625mol/L 碱溶液清洗第三个光阑片（图 3-1C），在观察过程中，发现光阑片在短时间内迅速发生变化，光阑表面瞬时光亮如新，虽能达到清洗效果，但浓度相对较高，变化迅速，不易把握清洗时间；浓度过高且清洗时间过长，会对配件表面的厚度有所影响。

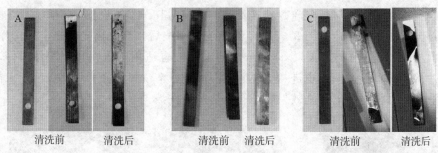

清洗前　清洗后　　　清洗前　清洗后　　　清洗前　清洗后

图 3-1　采用不同浓度的碱溶液对电镜物镜光阑清洗效果

　　对透射电镜可动光阑各个孔径边缘在荧光屏上成像进行污染程度的观察（图 3-2）。比较 3 号，2 号，1 号孔径。3 号孔径在清洗前，有少量污染物在光阑边缘，丙酮溶剂清洗后，污染物有所减少，但孔径边缘仍有小部分污染物，使用常规方法即有机溶液清洗，并未能完全将污物清洗干净，但经碱溶液清洗后，污染物完全被清洗，边缘光滑圆润。2 号光阑使用频率最高，在未清洗前，光阑片表面呈现黑色和其他颜色，2 号光阑边缘被大块污染物遮挡，丙酮等有机溶剂清洗后，大颗粒污染物被丙酮超声清洗干净，但孔径边缘仍有小部分污染物，光阑片表面仍然呈现黑色和其他颜色。再经碱溶液清洗，孔径边缘圆润，污染物完全被清洗，即用一定浓度的碱液清洗，可以清除有机溶剂未能清洗掉的污物，其碱溶液清洗效果要好于有机溶剂。由于 1 号光阑使用频率较低，在丙酮清洗前后，未发生明显变化，经碱溶液清洗后，孔径边缘有少量变化。

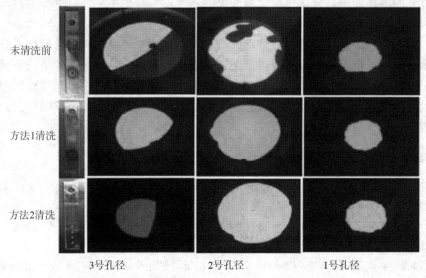

未清洗前

方法1清洗

方法2清洗

3号孔径　　　　　　2号孔径　　　　　　1号孔径

图 3-2　不同方法清洗透射电子显微镜可动光阑清洗效果比较

扫描电子显微镜灯丝盖片清洗结果（图3－3A），在无水乙醇清洗后，表面部分露出本来颜色（图3－3B），经碱溶液清洗后，氧化黑皮层完全被清除，表面光亮如新（图3－3C）。即该浓度的碱溶液也适用于电镜其他配件如灯丝盖片的清洗维护，同时也进一步说明碱溶液可以清洗掉抛光膏和有机溶剂未能清洗掉的污物，碱液清洗效果好于有机溶剂清洗液。

图3－3　扫描电子显微镜灯丝盖片的清洗变化

4　讨论

不论何种透射电镜，清洗方法及步骤均大同小异，但配方不同，清洗效果差异明显。把电镜镜体内的各光阑部件清洗干净，使电镜恢复到最佳工作状态，这不仅仅保证了学校教学科研的顺利开展，也为学校节省了几万元甚至几十万元的维修经费。减少可动光阑的更换，不但节约成本，同时节省维修维护费用，可供电镜工作者借鉴。

本论文通过实验筛选出合适浓度的碱液，采用所述碱液对电镜配件进行清洗维护，可以清除常规方法有机溶剂未能清洗掉的污物，其碱溶液清洗效果要好于有机溶剂，同时操作简单，成本低，易清洗，效果好。同时碱液也适用于电镜其他配件如灯丝盖片的清洗维护，可以清洗掉抛光膏未能清洗掉的污物，适用范围较广。

参考文献：

［1］周广荣.钨灯丝扫描电镜拍图最佳状态的维护与思考［J］.分析仪器，2013（6）：74-77.

［2］刘传荷，黄吉雷.高校透射电镜日常管理与使用方案探讨［J］.教育教学论坛，2020（8）：10-11.

［3］邹龙江，高路斯，周全.JSM-5600LV扫描电镜的保养及常见故障的排除［J］.实验室科学，2013，16（4）：180-182.